绿色建筑节能产教融合实践探索与创新

戴　同◎著

中国财富出版社有限公司

图书在版编目（CIP）数据

绿色建筑节能产教融合实践探索与创新 / 戴同著 . --北京 ：中国财富出版社有限公司，2024.11. --ISBN 978-7-5047-8289-2

Ⅰ. TU201.5

中国国家版本馆 CIP 数据核字第 202513QP46 号

策划编辑	郑晓雯	**责任编辑**	汪晨曦	**版权编辑**	武 玥
责任印制	梁 凡	**责任校对**	庞冰心	**责任发行**	董 倩

出版发行 中国财富出版社有限公司

社 址 北京市丰台区南四环西路 188 号 5 区 20 楼 **邮政编码** 100070

电 话 010－52227588 转 2098（发行部） 010－52227588 转 321（总编室）

010－52227566（24 小时读者服务） 010－52227588 转 305（质检部）

网 址 http://www.cfpress.com.cn **排 版** 宝蕾元

经 销 新华书店 **印 刷** 北京九州迅驰传媒文化有限公司

书 号 ISBN 978－7－5047－8289－2／TU・0060

开 本 710mm × 1000mm 1/16 **版 次** 2025 年 5 月第 1 版

印 张 9.5 **印 次** 2025 年 5 月第 1 次印刷

字 数 128 千字 **定 价** 55.00 元

前　言

1. 绿色建筑节能的时代背景与意义

在这个全球气候变化日益严峻与资源约束日益紧张的复杂时代，绿色建筑节能作为应对环境危机、推动社会可持续发展进程中的一颗璀璨明珠，其重要性正以不可阻挡之势凸显于世人面前。随着全球人口数量的持续激增、城市化步伐的加快，以及工业生产规模的持续扩张，伴随传统建筑模式的那种高能耗、高排放的发展路径越走越窄，如同进入一条死胡同，给脆弱的自然生态系统带来了前所未有的压力。雾霾笼罩的城市、干涸的河流、消失的森林……这些触目惊心的景象，无不在警示我们：改变迫在眉睫。

绿色建筑节能这一理念的提出与广泛实践，无疑是对传统建筑模式一次深刻而全面的反思，更是一场革命性变革。它没有局限于建筑的规划与设计、建造与施工、运营与维护、拆除与回收这一生命周期的各个环节，而是灵活地融入了节能、环保、低碳的理念与技术手段，更是从根本上追求资源的高效利用、环境的精心保护以及人体健康的全面保障这三大宏伟目标。绿色建筑尤为注重采用能够显著提高能效的建筑材料，如双层玻璃、保温隔热材料等，这些材料的应用能大幅减少建筑在运营过程中的能耗。同时，绿色建筑注重通过精心优化建筑的布局结构与朝向设计，使建筑最大限度地利用自然光照、通风条件，从而进一步降低对人工照明和空调系统的依赖，实现能耗的显著降低。除此之外，绿色建筑还特别强调与周围自然环境的和谐共生关系。例如，通过巧妙地设置太阳能光伏板、风力发电机等可再生能源设施，不仅能够有效减少建筑对化石能源的依赖，还能在一定程度上缓解能源短缺的压力。采用雨水回收与再利用系统收集和利用雨水，无论是将其用于灌溉还是补充地下水，都是对水资源的一种有效保护。更值得一提的是，绿色建筑节能还积极倡导在建筑的屋顶和墙壁上种植绿色植物，通过构建绿色屋顶和垂直花园，改善城市的微气候环境，为城市增添一抹生机，提升居民的生活质量。这种将自然元素融入建筑设计的做法，不仅能够美化城市景观，还体现了人类对于与自然和谐共处的深刻理解和不懈追求。

在全球范围内，绿色建筑节能已成为势不可当的潮流，得到了来自各国政府、科研机构与教育机构、企业及公众的密切关注。为了推动绿色建筑节能的发展，各国政府纷纷出台了一系列扶持政策。这些政策包括提供丰厚的财政补贴，给予企业税收优惠等，为绿色建筑项目的实施与推广提供了强有力的政策保障和支持。科研机构与教育机构也积极响应这一趋势，纷纷投身绿色建筑节能技术的研发与创新工作，通过不断探索与实践，寻求更加高效、经济且可行的节能解决方案，为绿色建筑节能的深入实践提供了坚实的理论基础与强大的技术支持。众多企业紧跟市场需求的步伐，敏锐地捕捉到了绿色建筑产业的巨大潜力，纷纷推出绿色建筑节能产品与服务。这些产品与服务涵盖绿色建材、节能设备、智能控制系统等多个领域，不仅丰富了绿色建筑市场的选择，还极大地促进了绿色建筑产业的快速发展，推动了全球绿色建筑节能事业的蓬勃向前。

产教融合，这一被视为提升教育质量、促进产业升级的重要途径，在绿色建筑节能领域的发展中扮演着重要的角色。通过不断深化产教融合的实践，我们可以更加高效、更加有针对性地培养出既能深刻理解绿色建筑节能理念，又能熟练掌握相关专业知识和技能的高素质人才。这些人才将成为推动绿色建筑节能持续发展的中坚力量，为行业的进步注入源源不断的活力。他们不仅能够在绿色建筑的设计、施工、运营等环节中发挥关键作用，还能加速科研成果向实际应用的转化，推动绿色建筑节能技术的不断创新与广泛推广。此外，产教融合还极大地促进了学术界与产业界的紧密合作与深入交流，使双方可以共同探索绿色建筑节能领域的新技术、新材料、新工艺等问题，携手攻克行业发展的技术难题，从而推动整个绿色建筑节能行业向更高的水平、更广的领域不断迈进。

正是在这样的时代背景下，本书应运而生。本书通过深入剖析绿色建筑节能的理论基础、实践案例与产教融合模式，为读者呈现了一个全面、深入且富有前瞻性的绿色建筑节能知识体系，展示了绿色建筑节能在实际应用中的巨大潜力与广阔前景。期望本书能够进一步激发社会各界对绿色建筑节能的关注，推动产教融合在绿色建筑节能领域的实践应用，为构建一个更加绿色、低碳、可持续的未来贡献一份力量。

2. 产教融合在绿色建筑节能领域的必要性与紧迫性

产教融合在绿色建筑节能领域应用的意义已经远远超越了单一的教育或产业范畴，从国家发展战略、社会可持续发展以及全球环境保护的高来看，它具有不可替代的价值与作用。产教融合在绿色建筑节能领域的应用，不仅关乎教育体系的改革与创新，还关系到绿色建筑节能产业的转型升级与高质量发展，是推动社会进步与保护环境的重要举措。

从教育改革的角度来看，产教融合是推动教育内涵式发展、培养高素质绿色建筑节能人才的重要途径。它要求教育体系必须打破传统的教学模式，不仅要传授理论知识，还要注重实践能力的培养，使学生具备解决实际问题的能力和创新能力。这种教育模式不仅有助于提高学生的就业竞争力，使他们更好地适应市场需求，还有助于培养一批具有创新意识、实践能力和国际视野的绿色建筑节能领域专业人才，为行业的持续发展和技术创新提供坚实的人才支撑。

从产业层面看，产教融合是推动绿色建筑节能产业转型升级、实现高质量发展的关键驱动力。随着各国对节能减排、应对气候变化的日益重视，绿色建筑节能产业迎来了前所未有的发展机遇。然而，产业的快速发展也带来了技术更新快、市场竞争加剧等挑战。通过产教融合，企业可以依托教育机构的科研力量和人才资源，进行新技术、新产品的研发，提高自主创新能力，从而在市场竞争中占据优势地位。同时，教育机构也可以通过与企业合作，了解市场需求，调整专业设置和教学内容，培养出更符合产业需求的人才，形成教育与产业相互促进、共同发展的良性循环。这种良性循环将有力推动绿色建筑节能产业的持续健康发展。

在构建绿色建筑节能领域协同创新体系方面，产教融合发挥着不可替代的作用。它打破了政府、企业、教育机构与科研机构之间的壁垒，促进了各方之间的信息共享、资源互补和优势协同。通过共同研发项目、建立联合实验室、开展技术交流等方式，各方可以形成紧密的合作关系，共同推动绿色建筑节能技术的创新与应用。这种协同创新模式不仅有助于提高技术创新的效率和成功率，还有助于加速技术成果的商业化进程，为绿色建筑节能领域的快速发展提供有力支撑。

然而，当前产教融合在绿色建筑节能领域的应用仍面临诸多挑战，如合作机制不健全、政策引导不足、资金投入不足等。这些问题制约了产教融合的深入发展和广泛应用。因此，政府、企业、教育机构与科研机构等各方需要共同努力，加强沟通与协作，完善合作机制，加大资金投入力度，推动产教融合向更深层次、更广领域发展。只有这样，才能充分发挥产教融合在绿色建筑节能领域的巨大潜力，推动绿色建筑节能领域的持续创新与发展。

本书的出版，正是为了响应时代需求，为绿色建筑节能领域的产教融合实践提供理论指导和案例借鉴。通过产教融合的深入发展，绿色建筑节能领域有望实现全面创新性发展，为全球的环境保护与可持续发展事业做出更大的贡献。

目 录

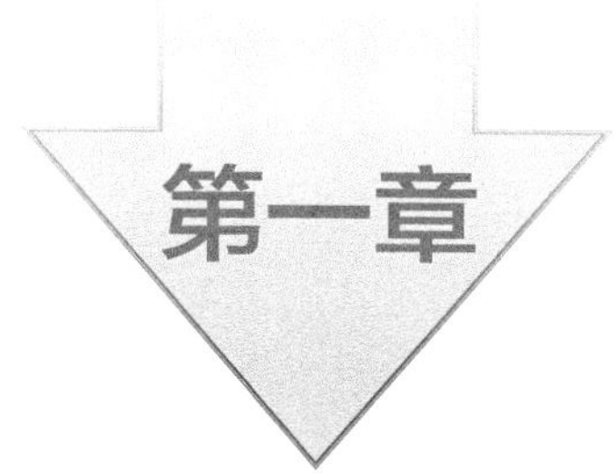

第一章

绿色建筑节能基础理论

1.1 绿色建筑定义及其相关概念深入辨析

绿色建筑作为现代建筑科学与环境保护理念深度融合的结晶，其内涵与外延已远远超越了传统建筑仅仅作为居住或工作空间的狭隘定义。它不仅是一个物理上的构造物，还是一个与自然环境紧密相连、相互作用、互为依存的生态系统。在这个系统中，建筑不再是孤立的存在，而是与周围的自然环境、社会环境以及经济环境紧密相连的复杂而精细的体系。

绿色建筑的理念贯穿建筑的全生命周期。从建筑最初的规划与设计阶段，到建造与施工阶段，再到运营与维护阶段，直至最终的拆除与回收阶段，每一个阶段都遵循可持续发展的原则。这意味着，在建筑的整个生命周期中，要尽可能地减少对自然资源的消耗，降低对环境的破坏，同时提高资源的利用效率。

在规划与设计阶段，绿色建筑注重通过科学的建筑布局和合理的空间规划，提高建筑的使用效率、提升室内舒适度，并充分利用自然光照和通风条件，减少对人工照明和机械通风的需求，为居住者创造一个健康、舒适、高效的生活和工作环境。

在建造与施工阶段，绿色建筑强调使用可再生、低能耗的建筑材料和技术，减少建筑垃圾的产生，降低施工过程中的噪声、粉尘等污染。同时，绿色建筑通过精细化的施工管理和质量控制，确保建筑的耐久性和安全性，延长建筑的使用寿命。

在运营与维护阶段，绿色建筑注重能源的高效利用和节约，例如，通过智能化的建筑管理系统和节能设备，实现能源的精准控制和优化，同时加强建筑的日常维护和保养，及时发现并解决潜在的问题，确保建筑的正常运行和持续使用。

在拆除与回收阶段，绿色建筑强调建筑材料的可回收性和再利用性，例如，通过科学的拆除方法和回收技术，将建筑废弃物转化为有价值的资源，实现资源的循环利用。

绿色建筑是一种全新的建筑理念和实践模式，它突破了传统建筑的局限性，摆脱了传统建筑的短视性。绿色建筑在创造健康、舒适、高效的生活和工作环境的同时，也有助于为保护地球家园、推动人类文明进步做出积极贡献。

1.1.1 低碳建筑与零碳建筑的深化理解及其与绿色建筑的关联

低碳建筑作为绿色建筑理念中的重要一环，其核心价值在于通过全方位的策略减少建筑在建造和使用过程中所产生的碳排放，从而为缓解全球气候变化贡献一份力量。这一目标的实现，不仅要求在建筑材料的选择倾向于低碳、环保的选项，还需要在建筑施工过程中引入技术革新，减少能耗与排放。而在建筑运营阶段，能源管理的精细化与优化则成为关键，以便通过智能系统确保能源都能得到高效利用。低碳建筑所强调的“减少”，不仅是一种技术上的追求，还是一种对环境负责的态度，它要求通过技术手段和管理措施，最大限度地减轻建筑活动对自然环境造成的压力。

零碳建筑，是低碳建筑理念的自然延伸。它是在减少碳排放的基础上，要求在建筑全生命周期内所产生的碳排放能够得到完全的中和或消除。这通常需要依赖一系列技术手段，如高效利用太阳能、风能等可再生能源和智能的建筑管理系统。这还可能涉及碳补偿机制的运用，如通过植树造林、参与碳交易等方式，来抵消无法避免的碳排放。零碳建筑的实现，不仅是对建筑技术和管理水平的一次挑战，还是对人类智慧和创造力的一次考验。它代表着我们对未来可持续生活方式的憧憬与追求。

在探讨低碳建筑与零碳建筑时，不得不提及它们与绿色建筑之间的紧密关联。绿色建筑作为一个更为宽泛的概念，涵盖低碳建筑与零碳建筑的核心理念，即追求与自然环境的和谐共生，以及资源的高效利用。低碳建筑与零碳建筑可以被看作绿色建筑在不同碳排放目标下的具体实践。它们通过不同的技术手段和管理策略，共同推动绿色建筑理念的不断深化与发展。可以说，低碳建筑与零碳建筑是绿色建筑理念在应对全球气候变化挑战中的具体体现，它们相互支撑、相互促进，是绿色建筑理念的重要组成部分。

1.1.2 节能建筑与绿色建筑关系的深度剖析及其实践意义

节能建筑是通过采用一系列节能设计策略，选用高性能且环保的材料，运用前沿的节能技术手段，旨在大幅降低建筑在其生命周期内能源消耗的建筑形式。节能建筑不仅是对传统建筑模式的一种革新，还是对全球能源危机和环境保护的积极响应。节能建筑通过优化建筑围护结构的保温隔热性能、提高空调系统的效率、充分利用自然光照和通风条件等措施，有效减少了建筑在供暖、制冷、照明、通风等关键环节的能耗，实现了节能减排和能源的高效利用。

节能建筑通过减少能源消耗，直接降低了建筑的碳排放，减轻了环境压力，为缓解全球气候变化贡献了一份力量。节能建筑的设计理念和技术手段也为绿色建筑的发展提供了有力的支撑。然而，节能建筑并不等同于绿色建筑。绿色建筑理念更为全面和深入，它不仅关注建筑的能源消耗问题，还将环境保护、人体健康、社会责任等方面纳入考量。在绿色建筑的设计中，除了追求能源的高效利用，还注重建筑材料的环保性、建筑废弃物的处理与回收、建筑对周围生态环境的影响，以及建筑如何更好地服务于人。绿色建筑是一个综合性的、可持续发展的理念。

节能建筑与绿色建筑的关系，可以理解为局部与整体、基础与提升的关系。节能建筑是绿色建筑的重要组成部分，是绿色建筑理念在实践中的具体实践。而绿色建筑则是在节能建筑的基础上，进一步拓展了建筑在环境保护、人体健康和社会责任等方面的考量。

从实践意义上看，节能建筑与绿色建筑的推广和应用，对于促进建筑行业的转型升级、提高建筑能效、降低建筑碳排放、保护生态环境、提升人民生活质量等具有重要意义。政府、企业、科研机构、教育机构等社会各界也需要共同努力，加强政策引导、技术创新、市场推广和宣传教育等方面的工作，形成全社会共同参与、共同推动的良好氛围。

总之，节能建筑与绿色建筑的关系是密不可分的。节能建筑是绿色建筑的基础，而绿色建筑则是节能建筑的拓展，两者共同构成了建筑行业可持续发展的重要支撑和推动力。因此，我们应该积极推动节能建筑与绿色建筑的实践和应用，为构建更加美好的未来贡献一份力量。

1.1.3 生态建筑与绿色建筑的深度融合

生态建筑是绿色建筑领域中的一种高级形态，其理念与实践不仅超越了传统建筑对能耗和碳排放的单一关注，还将目光投向了更为广阔的生态环境领域。它不局限于建筑本身的节能与环保，将建筑视为自然生态系统中的一个活跃元素，强调建筑与自然环境的和谐共生。生态建筑是一种既满足人类居住需求，又不对自然环境造成破坏，甚至能够促进生态平衡的建筑形态。

生态建筑理念的核心在于将建筑融入自然，而非将建筑凌驾于自然之上。它注重利用场地原有的自然特征，如地形、植被、水文等，通过精心的设计，使建筑成为自然生态系统的一部分。在水资源管理方面，生态建筑倡导雨水的收集与再利用，以减少对地下水的开采，同时通过绿色屋顶、透水铺装等措施，维护水循环平衡。在土壤保护方面，生态建筑强调保护土壤的生态系统，避免建设过程中的土壤侵蚀和污染，如通过植被覆盖、土壤改良等手段，促进土壤生态系统的健康与稳定。

生态建筑的理念与绿色建筑的核心理念高度契合，两者都追求人与自然的和谐共生，都致力于实现可持续发展。绿色建筑强调在建筑的全生命周期内都要遵循可持续发展的原则，尽量减少对环境的负面影响，提高资源利用效率。生态建筑是在绿色建筑的基础上，进一步强调了建筑与自然环境的深度融合。生态建筑通过模拟自然生态系统，利用太阳能、风能等可再生能源，采用自然通风、采光等被动式节能策略，以及建立绿色植被系统等措施，实现建筑与自然的和谐共存。

1.1.4　可持续建筑与绿色建筑的全面发展

可持续建筑是绿色建筑发展的高级阶段。可持续建筑继承了绿色建筑的核心理念，并在此基础上进行了深化与拓展，强调了建筑与经济、社会的全面协调发展。这一理念超越了单纯的环境保护或资源节约范畴，将建筑定位为促进社会经济可持续发展、提升人类生活质量的重要推手，同时要求建筑的建造过程不对未来人类的发展能力构成威胁。可持续建筑实质上是对传统建筑模式的一次深刻变革，它要求在建筑的规划与设计、建造与施工、运营与维护及至拆除与回收的全生命周期内，必须综合考虑经济、社会和环境三个维度的因素，力求实现三者之间的平衡。

在经济层面，可持续建筑强调成本效益与长期投资回报的平衡。这意味着，在建筑设计初期就应充分考虑建筑的生命周期成本，包括前期成本、建造成本、运营维护费用以及潜在的节能减排收益等，确保建筑在经济上具有可行性和可持续性。同时，可持续建筑鼓励采用创新技术和材料，以提高建筑能效，降低运营成本，从而为投资者和社会带来长期的经济利益。

在社会层面，可持续建筑致力于提升居民的生活质量，促进社区和谐与社会包容。这包括提供健康、舒适、安全的居住和工作环境，保障建筑使用者的身心健康；提供便捷的公共交通连接、公共绿地等，增强建筑的可达性和社区凝聚力，促进不同社会群体之间的交流与融合。

在环境层面，可持续建筑秉承绿色建筑的环保原则，且更进一步强调了生态系统的整体保护与恢复。这要求在设计中需充分考虑建筑对周边自然环境的影响，如减少对生物多样性的破坏等，以确保建筑活动不对自然环境造成不可逆的损害。可持续建筑还倡导通过建筑设计促进生态修复，如建立屋顶花园、垂直绿化等，以改善城市微气候，为城市居民提供更加宜人的生活环境。

全面发展可持续建筑与绿色建筑，不仅是建筑行业需要面对的挑战，更是整个社会对可持续发展的需求。它要求政府、企业、科研机构、教育机构等多方共同参与，通过制定相关政策、推广成功案例、加大科研投入等措施，推动可持续建筑与绿色建筑理念的深入实施。此外，国际合作与交流也是推动这一进程不可或缺的一环，通过经验分享、技术转移和资金支持，可以加速全球范围内可持续建筑与绿色建筑的发展步伐。

综上所述，可持续建筑与绿色建筑的全面发展，是构建未来建筑与社会和谐蓝图的关键。它们不仅关注建筑本身的环保与高效，更关注人类社会的长远发展与福祉。因此，我们应积极拥抱相关理念，不断探索与实践，为后代留下一个更加绿色、健康、繁荣的世界。

1.1.5 绿色建筑与节能内在关联

绿色建筑与节能之间存在紧密且相互依存的关联，二者共同构成了建筑领域可持续发展的重要支柱。绿色建筑以全生命周期视角为出发点，强调资源高效利用、环境保护与生态平衡，而节能作为其核心目标之一，既是实现绿色建筑理念的技术路径，也是衡量绿色建筑综合性能的关键指标。

从技术协同性来看，绿色建筑需整合被动式设计与主动式技术，形成多维度节能体系。例如，通过优化建筑朝向与体形系数，减少夏季太阳辐射得热与冬季热量散失，这种被动式设计策略直接降低空调与采暖系统的能耗需求；同时，采用高效保温隔热材料与气密性设计，进一步减少建筑围护结构的能量传递损失。主动式技术方面，智能照明系统可根据人员活动与自然光强度自动调节亮度，高效空调机组与热回收装置则通过提升设备能效与余热利用效率，减少化石能源消耗。此外，太阳能光伏板、地源热泵等可再生能源技术的集成应用，使建筑从能源消耗者转变为能源生产者，进一步降低对外部电网的依赖。这些技术手段并非孤立存在，而是通过协同作用实现整体能效提升，例如，被动式设计为高效设备创造了更优的运行环境，而可再生能源系统则为建筑提供了清洁能源基础，共同支撑绿色建筑在节能、环保、健康等多维目标的实现。

从评价体系来看，全球主流绿色建筑认证标准均将节能作为核心评分项，其权重设置直接反映了节能在绿色建筑中的关键地位。以 LEED 认证（国际性的绿色建筑认证系统）为例，能源与大气（EA）类别占总分的 20%~30%，涵盖建筑能耗强度、可再生能源比例、能源管理系统优化等具体指标；中国绿色建筑评价标准中，节能与能源利用章节同样占据重要篇幅，强调建筑能效提升与碳排放控制。节能表现不仅直接影响建筑的绿色等级，还与其市场竞争力密切相关——高能效建筑在运营阶段可显著降低能源费用，提升资产价值，同时满足政策法规对建筑能效的强制性要求。这种评价机制通过量化标准，将节能目标转化为可操作的实践路径，推动绿色建筑从理念走向现实。

从实践逻辑来看，节能技术的创新应用既是绿色建筑发展的技术驱动力，也是其从概念走向落地的核心载体。以超低能耗建筑为例，德国被动房标准通过超厚保温层、高效热回收系统与气密性设计，使建筑年采暖能耗降至 15 千瓦时 / 平方米以下，这一技术突破不仅颠覆了传统建筑节能认知，更催生了零碳建筑、产能建筑等新兴概念。中国深圳建科大楼则通过光伏发电、地源热泵与智能能源管理系统的集成应用，实现年减排二氧化碳 1200 吨，成为绿色建筑与节能技术协同创新的典范。这些实践表明，节能技术的进步为绿色建筑提供了更丰富的技术选项，而绿色建筑的市场需求与政策导向，又反向推动节能技术向更高能效、更低排放的方向演进。

从社会影响层面审视，绿色建筑与节能的协同发展正深刻重塑人类社会的居住与生产模式。以北欧国家为例，瑞典通过立法强制要求新建建筑实现近零能耗标准，并配套建设分布式能源网络与储能设施，使城市能源系统从集中式向分布式转型。这种转变不仅降低了对进口化石能源的依赖，还通过能源共享机制增强了社区韧性。在中国，雄安新区规划中明确提出“绿色低碳之城”建设目标，通过推广超低能耗建筑与绿色交通体系，预计可减少区域碳排放 40% 以上，同时提升居民生活质量。这些案例表明，绿色建筑与节能技术的推广，正在推动社会从“高能耗、高排放”的线性发展模式，向“循环、再生、低碳”的可持续发展模式转型，其影响已超越建筑领域本身，成为社会文明进步的重要标志。

从更宏观的视角审视，绿色建筑与节能的关联本质上是目标一致性与技术互补性的统一。绿色建筑追求的不仅是节能本身，更是通过节能实现资源节约、环境保护与社会福祉的综合提升；而节能技术的突破，则为绿色建筑提供了从理念到实践的桥梁。例如，零碳社区的建设需依赖高效能源系统、绿色交通与废弃物管理技术的协同，这些技术均以节能为基础，但最终服务更广泛的可持续发展目标。因此，绿色建筑与节能的关联，既是技术层面的相互支撑，也是价值层面的共同升华。

综上可知，绿色建筑与节能的关联不仅是技术路径与实践策略的耦合，更是建筑领域可持续发展理念的核心体现。二者通过技术协同、评价驱动、实践创新与社会赋能，共同构建了建筑领域从高能耗、高排放向低碳、高效转型的技术框架与实践路径，为应对全球气候变化、实现人与自然和谐共生提供了重要解决方案。未来，随着数字化技术与人工智能的深度融合，绿色建筑与节能的协同效应将进一步释放，推动人类社会迈向更加可持续的未来。

1.2 发展历程回顾

绿色建筑的发展轨迹，宛如一幅缓缓展开的画卷，记录着人类社会对环境保护和可持续发展不懈追求的过程。自 20 世纪 60 年代起，这股绿色浪潮便悄然萌芽，至今已蔚然成风，成为全球建筑行业不可忽视的重要发展趋势。

1.2.1 萌芽：环保意识的初步觉醒（20 世纪 60 年代至 20 世纪 70 年代）

回溯至 20 世纪中叶，随着工业化进程的加速，环境污染与生态破坏问题日益凸显，人们意识到保护环境的重要性。在这一背景下，绿色建筑的概念悄然萌芽。1962 年，《寂静的春天》一书出版，唤醒了公众对环境保护的关注。受此影响，一些具有前瞻性的建筑师和环保主义者开始尝试设计低能耗、低污染的建筑，如太阳能房和采用被动式设计的建筑。这些早期的实践，虽然规模有限，但是为绿色建筑的发展播下了希望的种子。

1.2.2 形成：理念的确立与推广（20 世纪 80 年代至 20 世纪 90 年代）

进入 20 世纪 80 年代，随着全球能源危机的加剧和环境问题的日益突出，绿色建筑理念逐渐从边缘走向主流。1987 年，联合国世界环境与发展委员会发布了《我们共同的未来》（*Our Common Future*）。该报告中正式提出了可持续发展的概念，为绿色建筑的发展提供了理论支撑。在这一时期，各国政府和国际组织开始制定绿色建筑相关的政策和标准，如英国建筑研究院环境评估方法（Building Research Establishment Environmental Assessment Method，BREEAM）和美国的能源与环境设计先锋（Leadership in Energy and Environmental Design，LEED）绿色认证等评估体系，为绿色建筑的推广提供了有力支持。同时，学术界也加强了对绿色建筑的研究，推动了绿色建筑技术的不断创新和进步。这些努力共同促进了绿色建筑理念的广泛传播，为绿色建筑的发展奠定了坚实的基础。

1.2.3 繁荣：快速发展与广泛应用（21 世纪以来）

进入 21 世纪，随着全球气候变化问题的加剧和可持续发展战略的深入实施，绿色建筑迎来了快速发展的时期。各国政府纷纷出台激励政策，鼓励绿色建筑的发展；企业界也积极响应，投身于绿色建筑的设计、建造和运营。因此涌现出大量的绿色建筑项目和案例。这些项目和案例不仅注重环保和节能，还为人们提供了更加宜居的生活空间。

同时，涌现出的智能建筑系统、绿色建材等新产品和技术，提高了建筑的能效和环保性能。

1.2.4 展望：未来趋势与无限可能（面向未来）

展望未来，绿色建筑将继续保持快速发展的势头，并呈现出更加多元化的趋势。随着科技的进步和人们环保意识的提高，绿色建筑技术将得到创新与升级，并将与智能化、信息化技术深度融合，实现建筑的高效运营和管理；绿色建筑评估体系也将得以完善，为绿色建筑的发展提供更加精准的指导和支持。此外，绿色建筑将更加注重与人的关系，关注为人们提供更加宜居的生活空间。在全球化的背景下，绿色建筑将成为全球合作与共享的重要领域，各国将加强交流与合作，共同推动绿色建筑的发展。

综上所述，绿色建筑的发展历程是人类社会对可持续发展不断探索和实践的缩影。从早期的萌芽到如今的繁荣与成熟，绿色建筑经历了漫长的演变过程。绿色建筑的发展历程，是人类智慧与自然和谐共生的生动写照。从最初的萌芽到如今的全球共识，每一步都凝聚着无数人的努力与智慧，展现出绿色建筑对于推动社会可持续发展的深远意义。

在绿色建筑快速发展的今天，其社会价值与经济效益日益凸显。在社会价值方面，绿色建筑通过降低能源消耗、降低碳排放，为应对全球气候变化做出了重要贡献；绿色建筑还注重提升室内环境质量，保障人们的健康与福祉，从而促进了社会的和谐与进步。在经济效益方面，虽然绿色建筑的初期投资可能相对较高，但其长期的节能效果显著，运维成本较低，这使绿色建筑在全生命周期内具有显著的经济优势；绿色建筑还能带动相关产业的发展，如绿色建材、智能建筑系统等，为经济增长注入新的活力；更为重要的是，绿色建筑的发展还促进了人们观念的转变。过去，人们往往将建筑视为单纯的居住或工作空间，而忽视了其与环境、社会的紧密联系。如今，随着绿色建筑理念的发展，人们意识到建筑与环境、社会的相互依存关系，从而更加注重建筑的环保性能与社会责任。这种观念的转变，不仅推动了绿色建筑的发展，也为构建更加美好的社会环境奠定了坚实的基础。

在全球化的背景下，绿色建筑的发展不是局限于某一地区或国家，而是呈现出全球性的趋势。各国纷纷借鉴和学习先进的绿色建筑经验与技术，推动本国绿色建筑的发展。国际组织与跨国企业也发挥着重要作用，通过合作与交流，推动了绿色建筑技术的创新与应用。这种全球性的合作与共享不仅促进了绿色建筑经验与技术的快速发展，也为全球可持续发展目标的实现提供了有力支持。

绿色建筑作为可持续发展目标的重要组成部分，其发展前景广阔。随着科技的进步与人们环保意识的提高，绿色建筑将呈现出更加多元化的趋势。我们有理由相信，在不久的将来，绿色建筑会成为建筑行业的主流趋势，引领人类社会走向更加绿色、低碳、可持续的未来。而这也将成为人与自然和谐共生的最佳诠释。

1.3 国内外绿色建筑实践案例

在全球气候变化与资源日益紧张的双重挑战下，绿色建筑作为推动可持续发展的重要途径，其重要性越发凸显。传统建筑已难以满足当前及未来的需求，而绿色建筑以其独特的优势，从理论探索阶段走向实践应用阶段。这些绿色建筑不仅展现了人类对环境保护的深刻认识与坚定决心，还以创新的设计理念、先进的技术应用以及显著的节能效果，为建筑行业树立了新的标杆，引领着建筑领域向更加绿色、低碳、可持续的方向发展。

绿色建筑理念中蕴含着对自然环境的尊重以及对人与自然和谐共

生的追求，注重利用自然资源，如阳光、风能、雨水等。在技术应用方面，绿色建筑更是走在了时代的前沿，采用了诸如太阳能光伏系统、地源热泵系统、智能照明与控制系统等高科技手段，以确保建筑的节能降耗和环保性能。

以下，我们将精心选取具有代表性的国内外绿色建筑案例，从设计理念、技术应用以及节能成效等维度进行深入剖析，以期为读者提供有益的启示与借鉴，共同推动绿色建筑事业的蓬勃发展。

1.3.1 上海世博中心——绿色建筑领域的璀璨明珠

上海世博中心是一个集会议、展览、活动等功能于一体的综合性绿色建筑。作为这一领域的杰出代表，其以独特的设计理念、先进的技术应用和显著的节能效果，成为绿色建筑领域的一颗璀璨明珠。其设计理念贯彻了“绿色、生态、节能”的核心理念。在设计之初，上海世博中心就充分考虑了自然通风、采光以及能源的高效利用，力求实现人与自然的和谐共生。这种设计理念不仅体现了对环境的尊重和保护，还展示了人类智慧与自然力量的完美结合。

上海世博中心的设计团队深知绿色建筑的核心在于人与自然环境的和谐共处。因此，他们在设计中巧妙地融入了自然元素，如大面积的绿化、水景等，不仅美化了建筑环境，还提升了建筑的生态性能。上海世博中心还注重建筑的可持续性，通过选用环保材料、优化建筑结构等方式，降低了建筑对环境的破坏。

在技术应用方面，上海世博中心同样走在了时代的前沿。为了实现良好的自然采光和通风效果，上海世博中心采用了大面积的玻璃幕墙和可开启的屋顶。这不仅让室内空间更加宽敞，还减少了对人工照明和机械通风的需求，从而降低了能耗。此外，上海世博中心内部还配备了先进的智能照明系统和空调自控系统。这些系统能够根据室内外环境的变化，自动调节照明和空调的开关及强度，达到节能降耗的目的。这种智能化的管理方式不仅提高了建筑的能效水平，还提升了使用者的舒适度。更值得一提的是，上海世博中心还应用了地源热泵系统和太阳能光伏系统。地源热泵系统利用地下土壤温度的稳定性，为建筑提供稳定的冷热源；而太阳能光伏系统则通过捕捉阳光并将其转化为电能，为建筑供电。这两大系统的应用进一步提升了上海世博中心的能效水平，使其成为绿色建筑的典范。

通过优化设计和一系列绿色建筑技术的应用，上海世博中心实现了显著的节能效果。据统计，其年节能率达到了 62.8%。相比传统建筑，上海世博中心在能耗上实现了大幅度的降低。这不仅为城市绿色建筑的发展提供了有力示范，还推动了整个建筑行业向更加绿色、低碳、可持续的方向发展。

在绿色建筑的璀璨星河里，上海世博中心宛如一颗耀眼的星星，绽放着独特光芒。它所取得的成效，可绝非简单的能耗降低那么单调。当我们走近上海世博中心，仿佛置身一个天然的“空气氧吧”。原来，是那大面积精心规划的绿化与灵动的水景设计，如同大自然的神奇画笔，将周边的空气质量大幅改善，每一次呼吸都满是清新与惬意。再走进上海世博中心内部，智能化的照明和空调系统就像贴心的“环境管家”，它们精准感知着每一个角落的需求，为使用者打造出无比舒适宜人的室内环境，让人仿佛忘却了外界的喧嚣与纷扰。而这一切的背后，是上海世博中心在绿色建筑领域不断探索、勇敢前行的坚实足迹。它就像一位无畏的开拓者，以独特的设计理念为蓝图，用先进的技术应用作画笔，绘就了显著节能效果的壮丽画卷。

上海世博中心，无疑是绿色建筑领域的杰出代表。它的成功实践，不仅是人类智慧与自然力量完美融合的生动见证，更是一股强大的推动力，引领着整个建筑行业朝着更加绿色、低碳、可持续的美好未来大步迈进。

1.3.2 深圳国际创新谷——绿色生态与创新智慧的完美融合

在深圳这座充满活力与创新精神的城市里，深圳国际创新谷以其独特的设计理念、先进的技术应用以及显著的节能效果，成为绿色生态与创新智慧完美融合的典范。作为集科研、办公、商业等功能于一体的绿色生态园区，深圳国际创新谷体现了人类对环境保护的深刻认识，更以其先进的设计理念引领着建筑行业向更加可持续、生态化的方向发展。

深圳国际创新谷的设计理念融合了“创新、绿色、共享”的核心理念。在这个快速变化的时代，创新是推动社会进步的重要力量，而绿色建筑则是实现可持续发展的重要途径。深圳国际创新谷的设计团队正是基于这样的认识，将创新与绿色相结合，力求打造一个既符合现代科研办公需求，又能与自然和谐共生的绿色生态园区。

设计团队注重建筑的可持续性和生态性。他们深知，建筑是人类活动的场所，更是与自然环境紧密相连的一部分。因此，在设计时，他们充分考虑了建筑的朝向、通风、采光等因素，力求使建筑在满足居住、办公等功能需求的同时，最大限度地减少对环境的破坏。

在技术应用方面，深圳国际创新谷堪称绿色建筑技术的集成者。该园区采用了多项绿色建筑技术，如绿色屋顶和垂直绿化、雨水收集与利用系统等，这些技术的应用不仅提升了园区的生态性能，还为其带来了显著的节能降耗效果。

绿色屋顶和垂直绿化的应用是深圳国际创新谷的一大亮点。这些绿色植被不仅能够吸收空气中的二氧化碳，释放氧气，改善空气质量，还能有效降低建筑的温度和能耗。在炎热的夏季，绿色屋顶和垂直绿化像一层天然的隔热层，能够阻挡太阳辐射，减少室内温度的上升幅度，从而降低空调的使用频率，降低能耗。

此外，深圳国际创新谷还采用了雨水收集与利用系统。该系统能够收集园区内的雨水资源，将其处理后用于绿化灌溉、道路清洗等，实现水资源的循环利用。这不仅节约了水资源，还减轻了城市排水系统的压力，提高了园区的环保性能。

除了上述绿色建筑技术，深圳国际创新谷的建筑内部还配备了高效的节能设备和智能管理系统。这些设备和系统能够根据室内外环境的变化，自动调节照明、空调等设备的运行状态，实现能源的高效利用和环境的优化管理。例如，智能照明系统能够根据光线强弱自动调节灯光亮度，避免不必要的资源浪费；智能空调系统则能够根据室内外温差和人员活动情况自动调节室内温度，保持环境舒适的同时降低能耗。

据相关数据显示,通过一系列绿色建筑技术的应用和智能管理系统，深圳国际创新谷实现了显著的节能降耗效果。具体而言，园区的绿色屋顶和垂直绿化项目在降低建筑温度和能耗方面发挥了重要作用；智能照明系统和空调自控系统的应用则使园区在日常运营中的能源消耗得到了有效控制。此外，雨水收集与利用系统也为园区节省了大量的水资源。

深圳国际创新谷凭借独树一帜的设计理念、前沿的技术应用以及令人瞩目的节能效果，在绿色建筑领域中脱颖而出。其成功之处，不仅在于建筑本身所展现出的美学价值，还在于它深刻体现了人与自然的和谐共生。在这个充满创新与挑战的时代，深圳国际创新谷不仅是对绿色建筑理念的一次有力诠释，还是对人类智慧与自然力量完美结合的一次生动展示。它以其卓越的节能效果和环保性能，为绿色建筑的发展树立了新的标杆。

1.3.3 内蒙古自治区中海河山大观项目——严寒地区的超低能耗建筑典范

在中国辽阔的版图上，内蒙古自治区以其独特的地理位置和气候条件，成为检验建筑节能技术的重要试验场。在这片广袤的土地上，中海河山大观项目以其超前的设计理念、先进的技术应用以及显著的节能效果，成为严寒地区超低能耗建筑的杰出代表。该项目不仅展现了我国在绿色建筑领域的创新能力和技术实力，还为严寒地区的绿色建筑发展提供了宝贵的经验。

中海河山大观项目设计团队从设计之初就明确提出了严寒地区超低能耗建筑示范项目的目标。设计团队深知，在严寒地区，建筑的舒适性与节能性往往较难同时实现。但设计团队迎难而上，注重建筑的每一个细节，力求在保证居民舒适度的同时，最大限度地降低能耗。他们通过科学的建筑布局、合理的空间规划以及精心的材料选择，为居民创造了一个既温暖又节能的居住环境。最终，不仅提高了建筑的节能性能，还提升了居民的生活品质。

在技术应用方面，中海河山大观项目无疑是多种节能技术的集成者。该项目采用了外墙保温处理、气密性处理、冷热桥处理等技术，有效减少了建筑的热量损失，提高了建筑的保温性能。同时，该项目还使用了新风冷热源一体机、太阳能光伏发电板等设备。新风冷热源一体机能够根据室内外环境的变化自动调节温度，为居民提供舒适的室内环境；而太阳能光伏发电板则能够利用太阳能发电，为建筑提供清洁、可再生的能源。这些设备的应用不仅降低了建筑的能耗，还减少了碳排放。此外，在严寒地区，采暖费用往往是一笔不小的开支。为了降低居民的采暖费用，该项目采用了高效的电辅热采暖系统。这种系统能够根据室内外温度的变化自动调节采暖功率，在保证室内温度稳定的同时，降低能耗和采暖费用。

通过综合节能技术的应用，中海河山大观项目实现了显著的节能效果。相关数据显示，该项目的节能率达到了 90% 以上，这意味着与传统建筑相比，该项目的能耗和碳排放大大降低了。

此外，中海河山大观项目的成功实践还对社会的环保意识产生了积极的影响。这一成功案例被广泛报道，引起了公众对绿色建筑和节能技术的关注和讨论。这种社会影响不仅有助于推动绿色建筑事业的不断发展，还能够促进全社会对环保和节能的认识和行动。

中海河山大观项目的节能实践也为严寒地区的绿色建筑发展提供了宝贵的经验。它的成功证明了在严寒地区推广超低能耗建筑是可行的，而且具有显著的经济效益和社会效益。在未来的发展中，我们应该继续学习和借鉴中海河山大观项目的成功经验，推动绿色建筑事业的不断发展，为人类的可持续发展贡献更多的智慧和力量。

1.3.4 新加坡滨海湾花园“超级树”——自然、生态与科技的完美融合

在新加坡这座国际化大都市中，滨海湾花园的“超级树”以其独特的设计理念、先进的技术应用以及显著的节能效果，成为自然、生态与科技完美融合的标志性项目。这座集休闲、娱乐、观光等功能于一体的绿色生态景观，不仅展现了人类对自然与科技的深刻理解，还以其卓越的节能性能和环保价值，为新加坡乃至全球的绿色建筑发展树立了典范。

滨海湾花园“超级树”项目的设计团队从设计之初就秉持“自然、生态、科技”的理念，希望打造一个能够让人们放慢脚步、亲近自然的空间。他们深知，自然元素不仅能够美化环境，还能提升人们的生活质量，而科技手段则能够赋予这个空间更多的可能性。因此，“超级树”的设计中充分融入了自然元素和科技手段。

滨海湾花园的“超级树”无疑是绿色建筑技术的典范。其独特的树形结构不仅形态逼真，具有极高的观赏价值，还为人们提供了舒适宜人的休闲环境，使人们在欣赏美景的同时，能够感受到自然的清新

和宁静。这种与自然亲密互动的体验，不仅提升了人们的满意度和幸福感，还促进了人与自然的和谐共生。

在技术应用方面，“超级树”采用了太阳能光伏技术和智能照明系统。该系统能将太阳光转化为电能，为建筑的照明、空调等设备提供动力。这种清洁、可再生的能源不仅减少了“超级树”对化石燃料的依赖，还降低了碳排放。智能照明系统则能够根据室内外环境的变化自动调节灯光亮度和色彩，既满足了人们的观赏需求，又实现了能源的节约和环境的优化管理。

这些技术的应用，使“超级树”在节能降耗方面取得了显著成效，也为新加坡的绿色建筑发展提供了新的思路和方向。此外，“超级树”的成功实践也为新加坡乃至全球的绿色建筑发展提供了有益的借鉴和启示。它的设计理念、技术应用和节能效果都展示了绿色建筑在提升城市生态环境、促进可持续发展方面的重要作用。

在未来的发展中，我们应该继续学习和借鉴“超级树”的成功经验，推动绿色建筑事业的不断发展，为人类的可持续发展贡献更多的智慧和力量。

1.3.5 英国伦敦贝丁顿零碳社区——零碳排放的绿色生态典范

在英国伦敦这座历史悠久而又充满现代气息的城市中，贝丁顿零碳社区以其独特的设计理念、先进的技术应用以及卓越的节能效果，成为零碳排放的绿色生态典范。这个集居住、商业、休闲等功能于一体的绿色生态社区，不仅展现了人们对零碳排放和可持续发展的深刻追求，还以其实际成效，为英国的绿色建筑发展树立了新标杆。

从规划之初，贝丁顿零碳社区的设计团队就明确提出了零碳排放、可持续发展的设计理念。设计团队深知，实现零碳排放才能为地球的可持续发展贡献力量。因此，他们致力于打造一个既节能又环保的社区，让居民在享受现代生活便利的同时，也能与自然和谐共生。

为了实现这一目标，设计团队在贝丁顿零碳社区的规划、建筑设计和材料选择等方面下足了功夫。他们力求在每一个细节上都体现出对环境的尊重和保护。最终贝丁顿零碳社区在视觉上给人以清新、自然的感觉，为居民提供了一个舒适、健康的居住环境。

在技术应用方面，贝丁顿零碳社区无疑是绿色建筑技术的集成者。该社区采用了多项先进的绿色建筑技术，如太阳能光伏系统、地源热泵系统、雨水收集与利用系统等。

该社区的太阳能光伏系统和地源热泵系统等清洁能源系统，使其居民在享受现代生活便利的同时，大大降低生活成本。这些系统不仅为该社区提供了清洁、可再生的能源，还减少了该社区对传统能源的依赖和碳排放。相关数据显示，与传统社区相比，贝丁顿零碳社区在能耗和碳排放上实现了大幅度的降低。

贝丁顿零碳社区的雨水收集与利用系统能够收集雨水，所收集的雨水经过处理后可用于绿化灌溉、道路清洗等非饮用用途。这一举措不仅节约了宝贵的淡水资源，还减轻了城市排水系统的压力，进一步提升了该社区的环保性能和节水效果。

此外，贝丁顿零碳社区还注重建筑本身的节能设计，采用了保温隔热材料和节能门窗，以降低能耗和碳排放。这些材料和部件的应用使其建筑在冬季能够保持温暖，在夏季则能够有效阻挡太阳辐射，降低室内温度，从而减少空调的使用频率。

贝丁顿零碳社区的成功实践为英国乃至全球的绿色建筑发展提供了有益的借鉴和启示。它的设计理念、技术应用和节能效果都展示了绿色建筑在降低能耗、减少碳排放、提高环境质量方面的重要作用。相信在未来的日子里，贝丁顿零碳社区将继续发挥其引领作用，为绿色建筑事业的发展贡献更多的智慧和力量。

1.3.6 美国加州科学院新楼——生态、科技与创新的绿色建筑典范

在美国加利福尼亚州（以下简称加州）这片充满活力与创新精神的土地上，加州科学院新楼以其独特的设计理念、先进的技术应用以及显著的节能效果，成为绿色建筑领域的一颗耀眼明星。这座集科研、教育、展览等功能于一体的绿色建筑，不仅展现了人类对生态、科技与创新的深刻理解，还以其卓越的节能性能和环保价值，为美国的绿色建筑发展树立了新标杆。

从设计之初，加州科学院新楼的设计团队就明确提出了生态、科技、创新的设计理念。设计团队深知，将生态原则、科技手段与创新思维相结合，才能打造出符合可持续发展要求的绿色建筑。因此，他们致力于打造一个既节能又环保，还能满足科研、教育和展览等多方面需求的建筑。为了实现这一目标,设计团队在加州科学院新楼的规划、设计和材料选择等方面进行了精心的考量。

在技术应用方面，加州科学院新楼无疑是绿色建筑技术的创新实践者。该建筑采用了大面积的玻璃幕墙和可开启的天窗，实现了良好的自然采光和通风效果，还大大降低了该建筑对人工照明和机械通风的依赖，从而减少了能耗和碳排放。同时，该建筑内部配备了先进的节能设备和智能管理系统。节能设备能够根据室内外环境的变化自动调节温度、湿度和光照等参数，以实现能源的高效利用和环境的优化管理。智能管理系统能够实时监控建筑的能耗情况，及时发现并解决能耗异常问题，进一步提高该建筑的节能性能。此外，加州科学院新楼还采用了绿色屋顶和垂直绿化等技术。绿色屋顶能够吸收雨水、减轻城市热岛效应,并为鸟类等野生动物提供栖息地。垂直绿化则能够净化空气、降低建筑温度，并提升建筑的观赏价值。这些技术的应用不仅提升了建筑的环保性能，还为科研人员提供了更加舒适、宜人的工作环境。

通过绿色建筑技术的应用，加州科学院新楼实现了显著的节能降耗效果。相关数据显示，与传统建筑相比，加州科学院新楼在能耗和碳排放上实现了大幅度的降低。

除了节能效果，加州科学院新楼的绿色建筑实践还为美国的绿色建筑发展提供了有益的借鉴和启示。它的设计理念、技术应用和节能效果都展示了绿色建筑在降低能耗、减少碳排放、提高环境质量方面的重要作用。同时，新楼的成功实践也证明了绿色建筑与科研、教育和展览等功能的完美结合是可行的，为未来的绿色建筑发展提供了新的方向。

加州科学院新楼的绿色建筑实践还对社会的环保意识产生了积极的影响。这一成功案例被广泛报道，引起了公众对绿色建筑和可持续发展的关注和讨论。这种社会影响不仅有助于推动绿色建筑事业的不断发展，还能促进全社会对环保和可持续发展的认识和行动。

加州科学院新楼的成功不仅展示了生态、科技与创新的和谐融合，还为美国乃至全球的绿色建筑发展提供了有益的借鉴和启示。在未来的发展中，我们应该继续学习和借鉴加州科学院新楼的成功经验，推动绿色建筑事业的不断发展，为人类的可持续发展贡献更多的智慧和力量。

产教融合理论与实践框架

在绿色建筑节能这一既充满挑战又蕴含巨大机遇的广阔领域中，产教融合的深度实施与广泛应用，无疑成为推动该行业技术持续创新、人才培养整体质量显著提升的一条重要路径。它是连接教育与产业、理论与实践的桥梁，更是促进经济、社会与环境和谐共生，实现可持续发展长远目标的重要驱动力。鉴于此，本章将全面而系统地梳理产教融合的理论基础，深入挖掘其核心理念与基本原则，旨在构建一个既能充分适应绿色建筑节能领域独特特性，又能有效促进产学研用教深度融合的实践框架。通过深入剖析产教融合的内涵、多样化的实施模式以及高效的运作机制，本章将详细阐述如何在绿色建筑节能领域内，将教育资源与产业需求紧密结合起来。同时，结合国内外在该领域成功实施产教融合的典型案例，本章将深入探讨如何在教育体系与产业实践之间搭建起一座稳固的桥梁，使知识的传授、技能的培养能够更加紧密地贴合实际工作需求。

2.1 产教融合的内涵与特征

2.1.1 产教融合概念解析

作为 21 世纪教育改革浪潮中的一股强劲力量，产教融合的核心理念根植于对传统教育模式与产业发展脱节现象的深刻反思之中。这一新型教育模式，旨在通过构建一种全新的、开放性的合作机制，打破长期以来横亘在教育界与产业界之间的壁垒，实现教育资源与产业资源的深度融合与高效共享。它是一种教育理念的革新，更是一种教育模式与实践路径的根本性转变。

产教融合着重凸显教育与产业二者间的深度契合与协同共进。其核心诉求在于，教育体系需紧密追随产业发展的动态轨迹，在关键领域与关键节点上，更应具备前瞻性的战略眼光与布局规划，从而发挥对产业发展的引领与推动作用。此种教育模式与产业发展的融合，绝非表面上的机械相加或简单并列，而是通过构建深度校企合作机制、推行工学交替教学模式、实施项目驱动式教学方法等一系列创新举措，实现产业界前沿技术动态、实际市场需求以及未来发展趋势向教育教学体系的全方位、深层次渗透与融入。在此过程中，产业界的技术革新成果、市场需求变化以及行业发展趋势等关键要素，均成为教育教学活动的重要参考依据与核心内容。

于学生个体而言，在产教融合的教育模式下，其学习过程呈现出鲜明的理论与实践并重特征。一方面，学生能够在系统化的课程体系中，深入学习并掌握扎实的专业知识与理论体系；另一方面，通过参与各类实践活动，学生得以在真实的工作环境中积累宝贵的实践经验，提升专业技能水平。这种理论与实践相结合的教育模式，为学生未来的职业发展道路铺设了坚实的基石，使其能够更好地适应社会与产业发展的需求，实现个人价值与社会价值的有机统一。

实施产教融合，对于促进教育链、人才链与产业链、创新链的有效衔接具有不可替代的作用。在传统教育模式下，教育与产业往往各自为政，导致人才培养与市场需求之间很容易脱节。产教融合则通过校企合作、联合研发、实习实训等方式，将教育与产业紧密地联系在一起，实现了人才培养与市场需求的无缝对接。这种对接提高了人才培养的针对性和实效性，为产业的发展提供了源源不断的人才支撑。

实施产教融合有助于推动教育内容与产业技术的同步更新。在快速发展的知识经济时代，技术更新日新月异，产业界对于人才的需求也在不断变化。产教融合模式通过引入产业界的最新技术和标准，及时更新教育内容，确保教育的实用性和前瞻性。这种同步更新有助于提高教育的质量，增强教育的吸引力。

实施产教融合，还有助于教育与产业的双赢发展。对于教育机构而言，与企业的合作可以获得更多的实践资源和教学经验，提高教师的教学水平和科研能力，从而提升整体的教学质量。对于企业而言，通过参与教学过程，可以提前锁定潜在的人才资源，缩短新员工的适应期，降低培训成本，还可以借助教育机构的科研力量，加速技术创新和产品升级，提高企业的竞争力。

实施产教融合，对于提升产业的国际竞争力、促进社会的可持续发展具有深远意义。它不仅能够培养出既懂理论又善实践的高素质复合型人才，满足产业升级和经济转型对人才的需求，还能促进科技成果的快速转化，加速新兴产业的培育和传统产业的转型升级，为社会的发展注入新的活力。产教融合还有助于构建终身学习体系，提升全民素质，促进社会公平正义，是实现教育现代化、建设学习型社会的重要途径。

在具体实践中，产教融合模式的实现路径是多种多样的。其中，校企合作是产教融合的基本路径。通过校企合作，双方可以共同制定人才培养方案和教学计划，确保教学内容与产业需求紧密对接；可以共建实习实训基地，为学生提供真实的就业环境，增强其动手能力和解决问题的能力；可以互聘、互用师资队伍，促进知识与实践的深度融合；可以合作开展科研项目，共同攻克产业技术难题，推动科技成果的转化和应用。

除了校企合作，产教融合还可以通过其他方式实现。例如，可以建立产教融合型城市或产业学院，将教育与产业更加紧密地结合在一起；可以推行现代学徒制或订单式培养等新型人才培养模式，确保人才培养与市场需求的高度契合；可以利用信息技术手段，构建在线教育平台或虚拟仿真实验室，实现教育资源的共享和优化配置。

总之，产教融合作为一种新型的教育模式，其核心在于打破传统教育与产业之间的壁垒，实现教育资源与产业资源的深度融合和共享。这一模式的实施，不仅有助于促进教育链、人才链与产业链、创新链的有效衔接，还有助于推动教育内容与产业技术的同步更新，有助于教育与产业的双赢发展。产教融合对于提升教育质量、推动产业升级、促进社会发展以及构建终身学习体系和学习型社会都具有重要的意义和价值。因此，我们应该积极推广和实践产教融合模式，不断探索和创新其实现路径和方式方法，为社会发展贡献更多力量。

2.1.2 产教融合的主要特征

（1）人才培养的全面性与实践性

产教融合在人才培养方面的显著特征是全面性和实践性。全面性体现在教育目标上。产教融合不仅注重学生专业知识的积累，还强调对学生综合素质的培养，包括创新思维、团队合作能力、解决问题的能力以及职业道德等。通过产教融合，学生能够接触产业前沿的真实项目和案例。这有助于学生在解决实际问题的过程中将理论知识与实践操作紧密结合，加速知识向能力的转化。

实践性则是产教融合人才培养的另一重要特征。传统教育模式往往偏重理论，忽视了实践的重要性。产教融合则通过校企合作、工学交替等方式，为学生提供了大量的实践机会。学生可以在真实的工作环境中，参与产品设计、技术研发、生产管理等环节的工作，从而获得宝贵的实践经验，提升职业技能，为将来步入职场做好准备。

（2）技术创新的协同性与开放性

在技术创新方面，产教融合展现出了明显的协同性和开放性。协同性体现在教育机构与企业之间的紧密合作上。双方可以共同设立研发机构，组建跨学科、跨行业的创新团队，针对产业技术难题进行联合攻关。这种协作模式不仅能够加速技术突破，还能促进科技成果的快速转化和应用，推动产业升级。

开放性则是产教融合在技术创新方面的另一重要特征。产教融合鼓励教育机构和企业之间开放合作、共享资源，包括科研设施、技术资料、人才资源等。这可以吸引更多创新主体参与进来，形成创新生态的良性循环。产教融合还注重与国际接轨，积极引进国外先进技术和管理经验，推动技术创新的国际化进程。

（3）社会服务的针对性与实效性

在社会服务方面，产教融合展现出了明显的针对性和实效性。针对性体现在教育机构能够根据产业发展和社会需求，灵活调整专业设置和教学内容，从而培养出符合产业和社会需要的高素质人才。

实效性则是产教融合在社会服务方面的另一重要特征。产教融合注重将教育成果转化为实际的社会效益，通过校企合作、产学研结合等方式，推动科技成果向现实生产力转化。教育机构和企业可以共同开展技术咨询、技术培训、技术转移等服务，为行业升级和区域经济发展提供有力支撑。产教融合还鼓励教育机构和企业开展社会公益活动、参与社会治理等，积极履行社会责任，提升社会形象。

（4）产教融合的互动性与动态性

除了上述特征，产教融合还展现出了明显的互动性和动态性。互动性体现在教育机构与企业之间的双向互动上。双方可以共同制定人才培养方案、教学计划和课程标准，确保教育内容与产业需求的紧密对接。企业还可以参与教育过程，提供实习实训岗位、技术指导和就业推荐等服务，从而与教育机构形成良性的互动。

动态性则是产教融合的另一重要特征。随着产业的不断发展和技术的不断进步，产教融合的内容和形式也需要不断调整和创新。教育机构需要密切关注产业动态和技术趋势，及时调整专业设置和教学内容，以确保人才培养的针对性和实效性。企业也需要不断更新技术和管理模式，以适应市场变化和产业升级的需求。同时，政府和社会各界也需要加大对产教融合的支持力度，为其提供良好的政策环境和资源保障。这种动态性的特征,使产教融合能够不断适应时代发展的需要，为社会发展贡献更多的力量。

（5）产教融合的可持续性

产教融合还展现出了明显的可持续性和发展性。可持续性体现在产教融合长期、稳定地运行和发展上。通过校企合作、产学研结合等方式,教育机构和企业可以建立长期的合作关系,形成稳定的合作机制。这种机制不仅能够促进教育资源的优化配置和高效利用，还能推动产业技术的持续创新和升级。

综上所述，产教融合在人才培养、技术创新、社会服务等方面展现出了全面性、实践性、协同性、开放性、针对性、实效性、互动性、动态性和可持续性等特征。这些特征共同构成了产教融合的核心竞争力，也为其在未来的推广和实践提供了有力的支撑与保障。

2.1.3 产教融合的意义与价值

产教融合作为一种创新的教育模式，有助于教育质量的提升，更对产业升级和社会发展具有强大的推动作用。以下是对产教融合意义与价值的详细阐述。

（1）提升教育质量，培养高素质人才

产教融合对于提升教育质量具有不可替代的作用。在传统教育模式下，教育往往偏重于理论知识，而忽视了实践操作和职业技能。这常常导致学生在毕业后难以适应市场需求，出现“学用脱节”的现象。而产教融合则通过校企合作、工学交替等方式，将产业界的实际需求融入教学过程，使学生在掌握理论知识的同时，能够获取实践经验和职业技能。这种教育模式不仅提高了学生的综合素质和就业竞争力，还为社会培养了更多高素质、高技能的人才。

产教融合还有助于推动教育内容和教学方法的创新。通过与企业的紧密合作，教育机构可以及时了解产业前沿动态和技术趋势，并据此更新教育内容，引入前沿技术和标准。同时，企业可以参与教学过程，提供真实的案例和项目，使教学更加贴近实际，激发学生的学习兴趣和积极性。这种创新的教育模式和教学方法有助于提高教育质量，也有助于增强教育的吸引力和影响力。

（2）推动产业升级，加速技术创新

产教融合对于推动产业升级和加速技术创新具有重要意义。在知识经济时代，技术创新是产业发展的核心驱动力。产教融合则通过校企合作、联合研发等方式，将教育机构的科研力量与企业的技术需求紧密结合在一起，形成了产学研一体化的创新体系。这种创新体系不仅促进了科技成果的快速转化和应用，还加速培育了新兴产业，加速了传统产业的转型升级。

产教融合还有助于提升企业的技术创新能力和竞争力。通过参与教学过程，企业可以获得更多的技术人才和创新资源，从而加速产品的研发和技术的升级。同时，教育机构还可以为企业提供技术咨询、技术培训等服务，帮助企业解决技术难题，提升技术水平。

（3）促进社会发展，实现可持续发展

产教融合对于促进社会发展和实现可持续发展具有深远的意义。

首先，产教融合通过培养高素质、高技能的人才，为社会发展提供了强有力的人才保障。这些人才不仅具备扎实的理论知识和实践技能，还具备创新思维和解决问题的能力，能够为社会的发展贡献更多的智慧和力量。

其次，产教融合通过推动产业升级和技术创新，为社会发展注入了新的活力。产业升级和技术创新是推动经济社会发展的重要因素，而产教融合则通过产学研一体化的创新体系，加速了产业升级和技术创新的进程。这不仅提高了产业的竞争力，还促进了社会的可持续发展。

最后，产教融合有助于构建学习型社会和终身学习体系。在知识经济时代，学习已经成为人们终身的任务和追求。产教融合则通过提供多样化的教育资源和学习机会，满足了人们自我提升的需求。同时，产教融合注重培养学生的自主学习能力和创新思维，这为构建学习型社会和终身学习体系奠定了坚实的基础。

（4）增强国际竞争力，推动全球化发展

产教融合有助于增强国家的国际竞争力和推动全球化发展。在全球化背景下，国际竞争日益激烈，而人才和技术是国际竞争力的核心要素。通过产教融合，国家可以培养出更多具有国际视野的人才，进而提升国家的科技实力和产业竞争力。同时，产教融合可以促进国际合作与交流，推动技术和资源的共享与优化配置，从而加速全球化的进程。此外，产教融合有助于推动教育公平和社会公正。通过校企合作、工学交替等方式，产教融合为更多学生提供了接受优质教育和进行实践的机会。这不仅提高了教育的普及率和质量，还促进了社会资源的公平分配和利用。产教融合还注重培养学生的职业素养和社会责任感，这有助于构建和谐社会，有助于实现社会公正。

综上所述，产教融合对于提升教育质量、推动产业升级、促进社会发展以及增强国际竞争力等具有重要的意义和价值。因此，我们应该积极推广和实践产教融合模式，不断探索和创新其实现路径与方式方法，为社会发展贡献更多力量。同时，政府和社会各界也应该加大对产教融合的支持力度，为其提供良好的政策环境、资源保障和社会氛围，共同推动产教融合模式的深入发展和广泛应用。

2.2 国内外产教融合模式比较与借鉴

本节将深入探讨国内外产教融合模式的异同，分析不同国家和地区在推进绿色建筑节能领域产教融合方面的政策环境、合作机制及实施路径，旨在通过比较与借鉴，总结成功经验，为我国绿色建筑节能领域产教融合的实践与创新提供有益参考。

2.2.1 国外产教融合模式

产教融合作为一种高效的人才培养模式，受到各国的高度重视。德国“双元制”模式、美国“合作教育”模式和澳大利亚“TAFE”（Technical And Further Education）模式作为国外典型代表，为绿色建筑节能领域的产教融合提供了宝贵经验。

德国“双元制”模式强调学校与企业的紧密合作。学生兼具学徒和学生双重身份，通过工学交替的方式，既学习理论知识又进行实践操作。这一模式的成功得益于完善的法律支持和制度保障。在绿色建筑节能领域采用，该模式能够确保学生掌握前沿技术，满足企业需求。

美国“合作教育”模式起源于辛辛那提大学，强调理论知识、职业技能与实际工作经验并重。学校与企业建立紧密合作关系，共同制订人才培养计划，以确保教学内容与行业需求精准对接。该模式通过灵活多样的合作形式和完善的管理机制，提高了学生的综合素质和就业竞争力，为企业输送了大量高素质技能型人才。该模式在绿色建筑节能领域同样具有广阔应用前景。

澳大利亚“TAFE”模式则以职业能力为本位，注重培养学生的实践能力和职业技能。学生主要在企业或培训机构进行实践操作训练，辅以理论知识学习。该模式通过灵活多样的课程和严格的质量保障体系，确保了学生所学知识与行业需求的紧密对接。在绿色建筑节能领域采用该模式，有助于相关企业及时调整课程设置，确保学生掌握前沿知识和实用技能。

这些产教融合模式对我国的绿色建筑节能领域有借鉴意义。我国在绿色建筑节能领域的产教融合实践中，应加强法律支持与制度保障，明确学校与企业的权责；应建立紧密的校企合作关系，共同制订人才培养计划；应注重实践能力和职业技能的培养，加大实践教学比重；应推动教育与产业的深度融合，促进知识、技术、人才等要素的自由流动；应建立灵活多样的课程体系，确保学生掌握前沿知识和实用技能。

通过吸收国外典型产教融合模式的优点，结合我国国情和产业特点，我们可以推动绿色建筑节能领域的产教融合向更高层次、更广领域发展，为行业培养更多高素质技能型人才，推动技术创新与应用，促进绿色建筑节能事业的持续进步。

2.2.2 国内产教融合实践

随着我国经济的飞速发展和产业结构的持续优化，产教融合作为连接教育与产业的桥梁，其重要性日益凸显。近年来，我国在产教融合领域进行了深入探索，形成了诸如校企合作、工学结合等一系列具有中国特色的实践模式。这些模式在促进教育与产业深度融合、提升人才培养质量、服务社会发展等方面发挥了重要作用。

在校企合作模式下，学校与企业建立紧密的合作关系，通过共同制定人才培养方案、共建实训基地、共享资源等方式，实现了教育链、人才链与产业链、创新链的有效衔接。这种模式不仅使学校能够根据企业需求调整专业设置和教学内容，确保学生所学知识与行业所需紧密相接，还使企业能够提前介入人才培养环节，获得符合自身需求的高素质技能型人才。此外，校企合作还促进了资源共享和优势互补，提高了教育资源的利用效率。在绿色建筑节能领域，这种模式的应用尤为关键，因为它能使学生接触到前沿技术，了解市场需求，从而更好地掌握相关知识和技能。

工学结合模式强调理论知识学习与实践操作训练的紧密结合。通过校企联合培养、工学交替、顶岗实习等方式，学生能够在学习期间积累工作经验，完成职业技能训练。这种模式不仅提高了学生的实践能力和解决问题的能力，还增强了企业的竞争力和创新能力。工学结合模式的应用在绿色建筑节能领域也很重要，因为学生亲自参与实际项目的施工和研发过程后，才能更好地理解和掌握绿色建筑节能技术的核心原理与应用方法。

除了校企合作模式和工学结合模式，我国还在产教融合方面进行了其他探索。例如，一些地方政府和学校建立了产教融合园区或实训基地。这些园区或基地集教育、培训、研发、生产等功能于一体，为产教融合提供了良好的平台。再如，一些学校和企业共同开展了技术研发和创新项目，通过产学研合作推动技术创新和成果转化。在绿色建筑节能领域，这些实践同样发挥了重要作用，为学生提供了良好的实践机会，推动了技术的创新和应用。

尽管我国在产教融合方面取得了显著成效，但仍面临一些问题。政策体系的不完善、合作机制的不健全、人才培养质量的参差不齐等问题仍然存在。此外，绿色建筑节能技术的快速更新和市场需求的不断变化也给产教融合带来了新的挑战。

未来，我国产教融合的发展应着重于完善政策体系、深化校企合作、提高人才培养质量、加强技术研发与创新以及关注市场动态等。通过制定和完善相关政策法规，明确各方权利与义务，有利于为产教融合提供坚实的法律基础和制度保障；通过推动学校与企业建立更加紧密的合作关系，有利于实现教育链、人才链与产业链、创新链的有效衔接；

通过注重培养学生的实践能力和职业素养，有利于提高人才培养质量；通过鼓励学校与企业共同开展技术研发和创新项目，有利于推动技术创新和成果转化；通过密切关注市场动态和需求变化，有利于及时调整人才培养方案和教学计划，确保学生掌握前沿知识和实用技能。

综上所述，我国在产教融合方面已经取得了一定成效，但仍需不断努力和创新，以推动绿色建筑节能领域的产教融合实践向更高层次、更广领域发展。

2.2.3 借鉴与启示

在全球化和信息化的浪潮中，产教融合作为一种有效的教育模式，正逐步成为连接教育与产业、推动经济与社会协同发展的重要桥梁。通过对比国内外产教融合模式的异同，我们可以汲取丰富的经验，为我国产教融合的深入发展提供有力支持。

国内外产教融合在目标和实践教学上展现出了高度的共识。无论在国内还是国外，产教融合的核心目标都是促进教育与产业的深度融合，提高人才培养质量，以满足产业发展和社会可持续发展的需求。同时，双方都强调实践教学的重要性，通过校企合作、工学结合等方式，让学生在真实的工作环境中学习和成长，有助于提高他们的职业技能和就业竞争力。

国内外产教融合在发展背景、合作机制和市场导向方面存在显著差异。国外产教融合往往与其工业化、信息化进程紧密相连。相比之下，我国的产教融合起步较晚，发展时间相对较短，合作机制相对单一，主要以校企合作模式和工学结合模式为主，且市场导向性相对较弱。

在借鉴国外先进经验的基础上，我国可以进一步完善产教融合的政策体系，为产教融合提供坚实的法律基础和制度保障。同时，深化校企合作，推动学校与企业建立更加紧密的合作关系，通过共同制定人才培养方案、开发课程体系、建设实训基地等，实现教育链、人才链与产业链、创新链的有效衔接。此外，应加强产教融合的市场导向性，密切关注市场动态和需求变化，及时调整人才培养方案和教学计划，确保学生掌握前沿知识和实用技能。

除了政策体系和合作机制的完善，实践教学和技术创新也是推动我国产教融合深入发展的关键。我们可以借鉴国外注重实践教学的经验，加大实践教学的比重和投入力度，提高学生的实践能力和职业素养。同时，加强产学研合作，推动技术创新和成果转化，为产业发展提供有力支撑。在产教融合的实践探索中，我们还应关注新兴产业的发展动态和需求变化。以绿色建筑节能领域为例，该领域正逐渐成为全球关注的焦点。我们可以借鉴国外在绿色建筑节能领域产教融合的先进经验，推动绿色建筑节能技术的创新与应用，为产业发展提供有力的人才支撑和技术支持。

面向未来，产教融合的发展还需加强顶层设计，明确发展目标、重点任务和保障措施，建立健全评价体系和激励机制。同时，推动多元化合作，加强国际交流与合作，拓展学生的国际视野和跨文化交流能力。最重要的是，始终关注人才培养质量，注重培养学生的实践能力，注重提升学生的职业素养，以提高他们的就业竞争力和创新能力，为社会输送更多高素质的专业人才。

综上所述，通过借鉴国内外产教融合模式的先进经验，我们可以不断完善和深化产教融合实践，为推动社会的可持续发展贡献更大的力量。

2.3　绿色建筑节能产教融合的影响因素

在全球气候变化日益加剧，资源日益紧张的当下，绿色建筑节能不仅是建筑业可持续发展的必然选择，也是实现人与自然环境和谐共生的重要途径。在此背景下，绿色建筑节能领域的产教融合显得尤为重要。产教融合作为促进教育链、人才链与产业链、创新链有效衔接的关键举措，对推动绿色建筑节能技术的研发与应用、培养高素质节能人才、加速产业转型升级具有不可替代的作用。

本节将从市场需求、技术支撑、政策环境、教育资源整合到合作机制的建立等多个维度出发，探讨绿色建筑节能领域产教融合的必要条件，旨在明确推进这一过程时所需的关键因素和支持环境。逐一分析这些条件如何共同作用于绿色建筑节能产教融合的实践，有助于为相关领域的政策制定者、教育工作者及产业界人士提供有价值的参考与启示。

2.3.1 市场需求与产业基础

在全球气候变化日益加剧，资源日益紧张的背景下，绿色建筑节能是应对环境挑战、实现可持续发展的重要手段。深入分析这一领域的市场需求和产业基础，对于探讨产教融合的必要性和可行性具有深远意义。

绿色建筑节能市场需求受到多重因素的驱动。一方面，政策因素起到了关键的引导作用。各国政府纷纷出台了一系列旨在推动绿色建筑节能发展的政策，如制定绿色建筑评价标准、提供财政补贴和税收优惠、推广绿色建筑材料和技术等。这些政策不仅为绿色建筑节能领域明确了发展方向，还为之注入了强大的发展动力。在政策因素的推动下，各类建筑项目如政府公共建筑、大型商业综合体、住宅小区等，纷纷将绿色建筑节能作为重要建设目标，带动了绿色建筑节能设计、施工、运维等全链条服务的需求增长。另一方面，社会发展也是绿色建筑节能市场需求增长的重要驱动力。随着城市化进程的加速和人民生活水平的提高，建筑能耗占全社会能耗的比重不断上升，节能减排成为迫切需求。绿色建筑节能通过采用高效节能技术、优化建筑设计、利用可再生能源等手段，有效降低了建筑能耗和碳排放，满足了社会发展对节能减排的迫切要求。绿色建筑节能还提升了建筑的使用价值和舒适度，满足了人们对高品质生活的追求，进一步推动了市场需求的增长。

绿色建筑节能领域的产业基础同样坚实。技术创新与产业升级为这一领域的发展提供了有力支撑。近年来，新型节能材料、高效节能设备、智能化建筑管理系统等不断涌现，为绿色建筑节能提供了丰富的技术选择。同时，绿色建筑节能产业通过整合产业链上下游资源，优化产业结构，实现了从单一产品向系统化、集成化解决方案的转变，提升了整体竞争力。产业链各环节的协同配合，以及与相关产业的协同发展，为绿色建筑节能产业的持续发展注入了新的活力。

在绿色建筑节能领域不断迈向新阶段的进程中，产教融合的深化实践正扮演着越发关键的角色。当前，该领域正经历着前所未有的快速发展，这一态势对人才储备提出了更高要求，特别是那些既具备扎实专业知识，又拥有丰富实践经验，同时兼具创新思维与能力的高素质人才，已成为行业持续进步的核心驱动力。产教融合模式作为一种创新的教育与产业协同机制，通过紧密对接学校教育资源与产业实际需求，实现了人才培养方案与教学计划的动态优化调整。这种精准对接不仅确保了教育输出与产业需求的高度契合，更为绿色建筑节能领域输送了大量符合时代要求的专业人才，有效缓解了人才短缺的瓶颈问题。进一步而言，产教融合还构建了一个高效的合作平台，促进了学校与企业之间的深度合作和交流。在这一平台上，双方围绕绿色建筑节能技术的前沿课题，共同开展研发活动，加速了科技成果的转化与应用，为行业技术革新提供了源源不断的创新动力。这种技术创新的加速，不仅推动了绿色建筑节能技术的迭代升级，更为整个行业的可持续发展奠定了坚实的技术基础。产教融合的深化还促进了教育资源的优化配置与产业优势的互补融合。通过资源共享与优势互补，绿色建筑节能产业得以在更高层次上实现转型升级，进一步提升了产业的整体竞争力与市场适应能力。在这一过程中，产教融合不仅成为推动绿色建筑节能领域高质量发展的关键力量，更为实现行业可持续发展目标提供了重要支撑。

政府出台的一系列政策措施为绿色建筑节能领域的产教融合提供了有力支持。这些政策为产教融合提供了明确的政策导向和资金保障。同时，高等院校及科研机构凭借丰富的教育资源和人才储备，为绿色建筑节能的产教融合提供了坚实的人才保障。

综上所述，我们可以更加明确地认识到产教融合在推动绿色建筑节能领域发展中的重要作用。未来，我们应进一步加强政策引导、深化产教融合、推动技术创新和产业升级，为绿色建筑节能领域的持续发展注入新动力。

2.3.2 教育资源与技术支撑

在绿色建筑节能领域，教育资源与技术支撑是产教融合成功实施的关键要素。当前,我国在绿色建筑节能教育方面已经取得了一定成果。

在教育资源方面，我国已有多所高等院校设立了相关专业，并配备了专业的师资力量和实验设备。这些专业致力于培养具有扎实理论基础和一定实践能力的人才，为绿色建筑节能行业输送新鲜血液。同时,职业院校和培训机构也积极开展相关职业技能培训,通过模拟实训、项目实践等方式，帮助学生掌握实用技能。

在技术支撑方面，随着科技的进步和绿色建筑理念的普及，我国在新型节能材料、高效节能设备、智能化建筑管理系统等方面取得了显著进展。新型节能材料如低能耗玻璃、保温隔热材料等不断涌现，高效节能设备如LED照明、太阳能光伏系统等得到广泛应用，智能化建筑管理系统也逐步集成物联网、大数据、人工智能等技术，实现了建筑能耗的智能化管理和优化。

教育资源与技术支撑对产教融合的影响深远。丰富的教育资源能够为学生提供全面、系统的学习内容和实践机会，提高他们的综合素质和创新能力；高水平的技术支撑则能够推动技术创新和应用，提高学生的实践能力。产教融合通过教育与产业的深度融合，有助于教育资源与技术支撑的优化和升级，进而使产教融合与教育资源、技术支撑的发展形成良性循环。

综上所述，教育资源与技术支撑是绿色建筑节能领域的产教融合成功实施的重要保障。通过优化教育资源和加强技术支撑，可以培养出更多既具备理论知识又拥有实践能力的复合型人才，为绿色建筑节能行业的持续发展注入新的活力。

2.3.3 政策环境与社会支持

绿色建筑节能领域的产教融合是推动行业创新与高质量发展的关键举措，其有效实施离不开政策环境与社会支持。近年来，国家层面出台了一系列政策措施，旨在促进绿色建筑节能领域的发展，这也为绿色建筑节能领域的产教融合提供了坚实的法律基础和制度保障。这些政策不仅明确了绿色建筑节能的法律地位和发展目标，还通过财政补贴、税收优惠、科研资助等手段，鼓励企业、教育机构和科研机构积极参与产教融合，激发了各方积极性。

在国家政策的基础上，地方政府也结合本地实际情况，出台了配套政策，进一步细化和落实了国家对于绿色建筑节能领域产教融合的要求。地方政府通过设立专项基金、建设实训基地、提供人才引进和培养支持等方式，为产教融合提供了具体的实施路径和保障措施。同时，地方政府还加强与教育机构、企业和科研机构的合作，共同推动绿色建筑节能领域的技术创新和人才培养。然而，尽管政策环境对产教融合提供了一定支持，但仍存在政策衔接不紧密、执行力度较弱和监管机制不健全等问题。因此，需要进一步完善政策体系，加强政策之间的衔接和协调，确保政策的连续性和稳定性。同时，应加大政策的执行力度和监管机制，确保政策得到有效落实和执行。

除了政策环境，社会各界的关注度和参与度也对产教融合的发展产生重要影响。行业协会和专业组织作为连接政府、企业和教育机构的桥梁与纽带，通过组织学术交流、技术研讨、展览展示等活动，促进了绿色建筑节能领域的信息交流和资源共享，为产教融合提供了平台。媒体则通过报道绿色建筑节能领域的最新动态、成功案例和先进经验，提高了公众对绿色建筑节能的认识和关注度，为产教融合提供了良好的舆论环境和社会基础。

为了构建有利于绿色建筑节能领域产教融合发展的外部环境和氛围，政府、企业、教育机构、行业协会、媒体和公众等需要共同努力。政府应继续加大对绿色建筑节能领域的政策支持力度，完善政策体系，加强引导和监管；企业应积极参与产教融合过程，加强与教育机构的合作与交流；教育机构应注重实践教学和创新能力培养，确保教学内容与行业需求紧密对接；行业协会应加强自身组织能力和影响力建设，推动绿色建筑节能领域的健康发展；媒体和公众则应积极参与绿色建筑节能领域的宣传和教育活动，提高认知度和参与度。

综上所述，绿色建筑节能领域的产教融合需要政策环境与社会支持的双重保障。通过完善政策体系、加强社会参与、构建有利的外部环境和氛围等方式，可以推动绿色建筑节能领域的产教融合向更高层次、更广领域发展，为行业的繁荣和社会的进步贡献重要力量。

绿色建筑节能产教融合实践中心建设规划

绿色建筑节能产教融合实践中心（以下简称实践中心）的建设旨在响应国家创新驱动战略，通过整合教育资源、科研力量与产业优势，构建集教学、科研、产业实践于一体的综合性平台。本章围绕建设目标与定位、功能布局与区域划分、硬件设施与技术装备配置、师资队伍建设与人才培养方案，阐述以“引领创新、服务产业、育人为本”为宗旨的实践中心建设，旨在使其成为技术研发高地、人才培养基地和产教融合示范点。

3.1 建设目标与定位

绿色建筑节能产教融合实践中心，是一个集教学、科研、产业实践于一体的综合性项目，其核心价值在于通过明确而远大的建设目标及精准的功能定位，为绿色建筑节能领域注入新的活力。在当前全球气候变化日益加速和资源日益紧张的背景下，绿色建筑节能技术不仅是行业发展的必然趋势，还是国家可持续发展战略的重要组成部分。实践中心的建设目标是推动国内地域间绿色建筑节能技术的均衡发展。即通过提供先进的教育资源和科研平台，助力那些技术相对落后的地区快速发展，缩小地域差距，实现全国范围内的技术同步提升。同时，将目光投向国际，积极引进和借鉴国外先进的绿色建筑节能理念和技术，提升我国在该领域的国际竞争力。实践中心还致力于成为绿色建筑节能领域产教融合的典范。即通过深度整合教育资源与产业需求，实现教育链、人才链与产业链、创新链的有效衔接，为行业培养更多具备实践能力的高素质人才，推动绿色建筑节能产业的持续健康发展。

3.1.1 明确建设目标

绿色建筑节能产教融合实践中心，致力于提升国内绿色建筑节能领域的技术水平和人才培养质量，更致力于在全球范围内发挥引领作用，推动行业的创新性发展。实践中心承载着推动绿色建筑节能领域教育与实践深度融合的重大使命，其核心目标在于构建一个既与国际前沿接轨，又在国内行业中保持领先地位的综合性平台。此平台不仅致力于精准捕捉全球绿色建筑节能领域的前沿趋势，确保课程内容的时效性和前沿性，还勇于探索创新的教学方法与科研模式。

在课程的规划与设计上，实践中心充分借鉴了国际先进经验，如美国加州大学伯克利分校的绿色建筑课程，并将其前沿理念与技术融入本土教学体系。再结合中国独特的气候特征、文化底蕴及建筑风格，实践中心精心构筑了一套既具国际视野又含本土特色的课程体系。最后通过与世界级企业的深度合作，如开展太阳能光伏系统的现场安装与保养、绿色建材的研发及实际应用等项目，使学生在“做中学、学中做”，实现理论知识与实际操作的紧密融合。

为了进一步提升教学质量与国际影响力，实践中心规划了与多所国际顶尖教育机构的战略联盟。通过共同研发课程、推动实践教学与科研合作，实践中心旨在将国际一流的教育资源引入国内，同时将中国绿色建筑节能的研究成果推向世界舞台。此外，实践中心还通过主办或参与国际学术会议、研讨会，积极寻求与国际绿色建筑研究机构的合作契机，以共同探索零能耗建筑、智能建筑管理系统等，为全球绿色建筑节能事业持续注入创新动力。

技术创新与成果的高效转化是实践中心的另一重大使命。为此，实践中心致力于构建一个具有国际视野且高度开放的创新平台。该平台汇聚全球顶尖专家、学者、行业领军企业及创新团队，并通过提供先进的研发设施、丰富的数据资源及灵活的合作机制，为绿色建筑节能技术的研发与转化提供有力支撑，确保创新成果能够迅速转化为市场上的实际应用，实现经济效益与社会效益的双重提升。

借鉴新加坡国立大学与众多企业合作创立绿色建筑创新中心的成功经验，实践中心与国内外领先企业紧密合作，深度整合研发资源与市场需求，聚焦绿色建筑技术的研发与应用。以智能建筑控制系统的研发为例，从需求调研、技术攻关到产品测试、市场推广，实践中心打造了一套完备的创新链条，确保研究成果能够迅速转化为被市场认可的产品。同时，实践中心积极拓宽国际合作视野，引入国际风险投资，建立高效的成果转化机制，为绿色建筑创新项目提供充裕的资金支持与顺畅的转化路径。

在人才培养方面，实践中心致力于培育具有国际视野与高超专业技能的复合型人才。通过构建全方位、深层次的国际化人才培养体系，实践中心的教学内容不仅涵盖绿色建筑节能领域的核心理论知识与前沿技术，还融入跨文化交流、国际项目管理等内容，以提升学生的全球竞争力。通过与国际知名高校、研究机构及行业领先企业的深度合作，实践中心为学生提供丰富的海外学习、实习及科研合作机会，使他们能够利用国际舞台拓宽视野、积累经验。同时，邀请国际知名专家、学者来校授课或举办讲座，为学生提供与世界级大师面对面交流的机会，激发其创新思维。

英国伦敦大学学院与国际顶尖企业合作的绿色建筑人才培养项目为实践中心提供了宝贵经验。基于此，实践中心进一步深化与国际知名企业的合作，共同构建融合理论知识与实践技能的绿色建筑教育体系。

学生不仅能在校园内系统学习理论知识，还能进行实地考察、实习实训乃至亲自参与绿色建筑项目，实现能力的全方位提升。同时，加强与国际绿色建筑教育机构的交流合作，引入国外前沿教育理念与教学方法，如案例教学、项目驱动学习等，增强学生的问题解决能力和创新能力。为确保人才培养质量，实践中心还建立了完善的国际化人才评价机制，确保学生在绿色建筑节能领域具备国际竞争力。

此外，实践中心还积极参与国际绿色建筑节能相关标准和规范的制定工作。通过深入实践、提炼总结，并与国际同行、专家学者及权威机构交流合作，实践中心力求为全球绿色建筑节能事业贡献一套统一、科学且高度适用的标准和规范。这些标准和规范将围绕绿色建筑节能的关键技术、设计理念、施工方法及运营维护等方面展开，以推动全球绿色建筑节能技术的不断进步与广泛应用。

德国被动房研究所的显著成就表明，一套严谨、全面的绿色建筑标准体系对于驱动行业革新与进步具有重要意义。因此，实践中心拟与国际知名绿色建筑认证机构合作，共同研究并制定一套能够灵活适应全球多样化气候区域、深刻融入不同文化背景的绿色建筑节能标准。这些标准将成为全球绿色建筑领域的标杆，引领行业向更加高效、环保的方向发展。

综上所述，实践中心的建设是一个系统工程，涉及课程的创新、教学方法的改革、科研模式的优化、技术创新的推动、成果转化的加速以及国际化人才的培养等多个方面。通过这一系列举措，实践中心将成为引领绿色建筑节能领域产教融合、协同育人的关键力量与卓越典范，为推动全球绿色建筑节能事业的发展做出积极贡献。

3.1.2 精准定位多维功能

实践中心作为连接教育、科研与产业实践的关键纽带，其在区域乃至全国绿色建筑节能领域中的精准定位，不仅关乎自身的长远发展，还对推动整个行业的进步与革新具有深远意义。以下是对实践中心在人才培养、技术研发、社会服务以及促进区域经济发展方面详细而深入的功能定位描述。绿色建筑节能产教融合实践中心的构建，不仅标志着绿色建筑节能教育体系与实践应用模式深度融合的新纪元开启，更是对行业未来发展方向的一次前瞻性布局与战略性探索。实践中心这一平台不仅紧密贴合国际绿色建筑节能技术的最新发展趋势，同时深耕国内行业实际需求，致力于在绿色建筑节能领域的人才培养、技术创新突破以及社会服务效能提升等多个维度上，发挥引领与示范作用。实践中心旨在通过产教深度融合的机制，打破传统教育与产业实践之间的壁垒，实现教育资源的优化配置与产业需求的精准对接，从而培养出既具备扎实理论基础又拥有丰富实践经验的复合型人才。实践中心积极履行社会责任，通过提供专业培训、技术咨询、项目示范等服务，助力社会各界提升绿色建筑节能水平，共同推动行业向更加绿色、低碳、可持续的方向发展。

首先，实践中心将自己定位为培养人才的摇篮。它致力于构建一套全方位、多层次的人才培养体系，通过基础教育与专业培训并重的方式，为学生提供坚实的理论基础和专业技能。在课程设置上，实践中心开设了绿色建筑设计、节能技术应用、能源管理系统等核心课程，确保学生掌握绿色建筑节能领域的关键知识。同时，实践中心提供实践操作、项目实训等机会，以提升学生的实际操作能力和解决实际问题的能力。这种理论与实践相结合的教学模式，旨在培养具备国际视野和创新能力的绿色建筑节能领域专业人才。

其次，技术研发是实践中心的重要使命之一。通过与企业、高等院校和科研机构的紧密合作，实践中心聚焦绿色建筑节能领域的技术难题，开展前沿性的研发工作。这些研发工作能够提升我国绿色建筑节能技术的整体水平，还能为行业的可持续发展提供有力的技术支撑。实践中心鼓励跨学科融合与跨领域合作，通过整合不同学科和领域的知识与资源，推动绿色建筑节能技术的创新性发展。

再次，实践中心积极发挥社会服务功能，成为绿色建筑节能领域知识传播与普及的重要平台。通过举办讲座、研讨会、培训班等活动，实践中心向政府、企业和公众普及绿色建筑节能知识，提升全社会的环保意识和节能理念。同时，实践中心还为企业提供技术咨询、方案设计、性能评估等服务，帮助企业解决在绿色建筑节能实践中遇到的问题和困难，推动绿色建筑节能技术在区域内的广泛应用。

最后，在推动区域经济发展方面，实践中心同样发挥着积极作用。通过与企业合作开展绿色建筑节能项目，实践中心促进了建筑产业的转型升级，提升了建筑能效，降低了能耗和排放。此外，实践中心还吸引和培育了一批绿色建筑节能领域的优秀人才和创新团队，为区域经济的可持续发展注入了新的活力。

综上所述，实践中心的建设是推动绿色建筑节能领域教学与实践深度融合的重要举措。通过构建全方位、多层次的人才培养体系，开展前沿性的技术研发工作，发挥社会服务功能，以及推动区域经济发展，实践中心将为我国绿色建筑节能事业的持续发展注入强劲动力。

3.2　功能布局与区域划分

本节重点讲述实践中心的核心框架规划，包括教学实训区、科研创新区、展示交流区和公共服务区。教学实训区配备先进设施，主要用于模拟真实场景，以培养学生的专业技能；科研创新区主要用于支持前沿研究，推动成果转化以及产业升级；展示交流区主要用于展示最新成果，促进行业交流；公共服务区主要用于提供便捷服务，完善配套设施。通过科学合理的布局与划分，实践中心将形成高效协同、功能完备的整体，为绿色建筑节能领域的产教融合实践提供坚实支撑。

3.2.1 教学实训区

教学实训区的布局设计与功能划分直接关系到人才培养的质量和效率。本节将详细介绍教学实训区的布局设计，包括教室区域、实验室区域、模拟实训室区域等空间的功能划分和设施配置。

教室区域作为教学实训区的基础空间，被划分为多个功能区，以应对不同的课程与教学需求。多功能报告厅配备先进设备，可用于大型讲座与学术交流，还可以成为学生项目汇报与成果展示的舞台。专业教室则根据绿色建筑节能领域的不同专业方向，如建筑设计、能源管理、环境工程等，配置专业设备与软件，为学生提供专业化的学习环境。互动讨论室与远程教学室，则用于进一步促进学生的主动学习、团队协作与远程教学。

实验室区域是教学实训区的重要组成部分，包含多个专业实验室，主要用于实验教学、科研活动与技能训练。建筑材料实验室配备先进测试设备，用于全面评估建筑材料的各项性能；能源系统实验室聚焦于可再生能源利用与建筑能源管理系统的研究；环境控制实验室致力于研究绿色建筑的环境控制技术；智能建筑实验室则紧跟智能化趋势，用于探索智能建筑的设计与运维技术。

模拟实训室区域是教学实训区的特色所在，用于模拟真实场景下的绿色建筑节能设计与运维过程。建筑设计模拟实训室、能源管理模拟实训室、环境控制模拟实训室以及综合模拟实训室，分别用于模拟绿色建筑的设计、能源管理、环境控制及综合运维过程，以便为学生提供实训环境，强化学生的实践能力。

在设施配置与安全保障方面，教学实训区同样下足了功夫。先进的设施设备，如空调、通风、照明、消防等系统，以及实验台、仪器柜等，为开展教学与进行实验提供了良好的基础条件。同时，严格的安全管理制度、操作规程与防护设施，可以确保学生在实验过程中的人身安全。信息化管理平台则进一步提高了教学实训区的管理效率与服务质量，实现了教学资源的共享、实验设备的预约与实验数据的分析等功能。

综上所述，教学实训区通过科学合理的布局设计、先进的设施设备配置、严格的安全保障措施与高效的信息化管理手段，为绿色建筑节能领域的人才培养提供了全方位的支持与保障。这一区域不仅是学生掌握理论知识、提升实践技能的重要场所，更是推动绿色建筑节能技术创新与发展的关键场所。

3.2.2 科研创新区

科研创新区作为实践中心的核心区域，承载着前沿技术研发、成果转化以及产业升级的重任。其建设规划以前瞻性和实用性为导向，旨在打造一个高度集成、开放共享的科研平台。

科研创新区的规划设计中，实验室作为科研活动的基石，扮演着至关重要的角色。在这里，科研人员能够借助先进的仪器设备，开展绿色建筑材料、能源效率、建筑环境控制等方面的深入研究。绿色建筑材料实验室配备X射线衍射仪、扫描电子显微镜等高端设备，支持从材料选取到成品制备的全过程研发。能源效率与可再生能源实验室配备太阳能模拟器、风能测试平台等，可以模拟真实环境条件下的能源转换与利用情况，有助于生成更高效、更经济的绿色建筑能源解决方案。建筑环境控制实验室用于室内环境质量的优化，通过温湿度控制设备、空气质量监测仪等，可以为绿色建筑提供健康、舒适、节能的设计依据。

研发中心作为科研创新区的核心，汇聚了多学科领域的专家学者，他们致力于共同攻克绿色建筑节能领域的技术难题。智能建筑与物联网技术研发中心致力于将现代信息技术应用于绿色建筑中，如通过开发智能控制系统、能效管理系统等，提高建筑的自动化水平和居住者的舒适度。绿色建筑设计与优化研发中心则利用 CAD（Computer Aided Disign，计算机辅助设计）、BIM（Building Information Modeling，建筑信息模型）等技术，模拟建筑生命周期，优化设计方案，降低建筑能耗和环境影响。政策与标准研究中心则紧密跟踪国内外绿色建筑政策、标准的发展动态，为行业提供政策与技术支持。

技术转化平台是连接科研与市场的桥梁。技术展示与交易平台定期举办技术成果展示会，促进技术成果的商业化进程。创业孵化与加速平台为初创企业提供创业指导、资金支持等服务，助力企业快速成长。技术咨询与服务平台则为企业提供技术咨询、方案设计等服务，帮助企业解决技术难题，提升产品竞争力。

科研创新区的各部分相互依存、相互促进，形成了强大的协同效应。实验室为研发中心提供基础数据，研发中心则基于实验室的研究成果进行技术创新与系统集成，技术转化平台将研发成果推向市场，实现经济价值与社会效益的双赢。此外，科研创新区还积极与国际绿色建筑节能领域展开交流与合作，通过举办国际学术会议、研讨会等活动，拓宽国际视野，引进国外先进技术和管理经验，提升我国绿色建筑节能领域的国际竞争力。

随着科研创新区的不断发展与完善，它将成为推动绿色建筑节能领域持续创新、引领行业发展的重要力量。通过构建完善的实验室体系、高效的研发中心和技术转化平台，科研创新区将为绿色建筑节能技术的发展提供强有力的支撑。

3.2.3 展示交流区

在实践中心的规划中，展示交流区被巧妙地构建为一座桥梁，寓意实践中心紧密连接着知识、技术与市场。这一区域是一个闪耀的窗口，展示着绿色建筑节能领域的最新成果，更是一个充满活力的平台，促进学术交流、技术合作与市场推广的深度融合。

展示交流区的设计充分体现了开放、互动与可持续的原则，空间布局既专业又富有吸引力。一踏入该区域，映入眼帘的是绿色建筑模型展示区。在这里，各式各样的绿色建筑微缩模型错落有致地陈列着，从低能耗的温馨住宅到零碳的现代化办公楼，从生态和谐的校园到智慧引领的城市示范区，每一个模型都以其独特的魅力诉说着绿色建筑的故事。再加上灯光与演示声音，这些模型仿佛被赋予了生命，生动地模拟着建筑的实际运行效果，让参观者直观感受到绿色建筑的美学魅力与实用功能。

紧邻模型展示区的是技术成果展览区，这里无疑是展示绿色建筑节能领域最新成果的舞台。技术成果展览区采用模块化布局，能够根据更新的成果灵活调整展览内容，确保展览内容的实效性。每个展位都聚焦特定的技术领域，如创新型的建筑材料、高效能的能源系统、智能化的管理系统等，通过实物展示、视频介绍、互动演示等方式，全面而深入地展示这些技术的创新点与应用价值。此外，技术成果展览区还定期举办主题鲜明的展览活动,如“绿色建筑材料的革新之旅”“智慧能源解决方案的探索与实践”等，为行业内外人士搭建一个了解前沿技术动态、把握行业发展趋势的平台。

位于展示交流区中心位置的学术交流会议中心，是举办高端学术活动、研讨会与论坛的理想场所。这里配备了先进的音响设备、高清投影系统以及远程会议设施，能够满足各种规模与形式的会议需求。

学术交流会议中心的设计兼顾灵活性与舒适度，既能承接大型演讲与研讨会，也适合小组深入交流与工作坊的开展。通过定期邀请国内外知名专家学者、行业领袖莅临指导与分享经验，有助于促进绿色建筑节能领域的知识传播与思想碰撞，推动学术研究的深入发展与跨界合作的广泛开展。

互动体验区作为展示交流区的一大创新亮点，将体验式学习推向了新的高度。这里设置了虚拟现实（Virtual Reality，VR）体验站、模拟驾驶舱、智能家居演示区等，让参观者能够通过亲自体验的方式深入理解绿色建筑节能的理念与技术。佩戴上 VR 眼镜，参观者仿佛“走进”了一座座绿色建筑之中，亲自体验其节能、环保、舒适的特点；在模拟驾驶舱内，通过模拟操作，参观者能够直观了解智能家居系统如何根据环境变化调节室内温度、光照等参数，从而深刻感受到绿色建筑节能技术的实际应用效果与广阔前景。

在用途拓展方面，展示交流区充分发挥了其作为交流平台的功能。通过定期举办展览与论坛、技术交流会与工作坊等活动，不仅能够展示最新成果，还能促进产学研用各方的紧密合作与深入交流，加速技术成果的市场化进程。同时，在展示交流区内还可以开展国际合作与交流活动，与国际组织、研究机构、知名企业建立广泛的合作关系，引进国外先进技术与管理理念的同时，推动我国绿色建筑节能领域的国际化进程。此外，公众教育与科普活动也是展示交流区功能中不可或缺的一部分。通过举办开放日、科普讲座、亲子活动等活动，向公众普及绿色建筑节能的知识与理念，提高公众对环保、节能的认识与参与度，可以为绿色建筑节能事业的广泛发展奠定坚实的群众基础。

展望未来，实践中心将继续秉持创新发展的理念，不断升级与完善展示交流区的功能。随着数字化、智能化技术的飞速发展，实践中心将更加注重将这些先进技术，如人工智能等应用于展示交流区，以提升展览的互动性与个性化体验，让参观者的体验更加便捷、高效、有趣。同时，展示交流区还将进一步加强与行业内外机构的合作，共同策划与打造更具影响力的品牌活动，推动绿色建筑节能领域的创新性发展，为推动我国绿色建筑节能事业的蓬勃发展贡献更大的力量。

3.2.4　公共服务区

在实践中心的宏伟蓝图中，公共服务区扮演着至关重要的角色，它不仅是基础服务的坚实后盾，还是创新生态系统的重要构建者。为了构建一个更加开放、协同、高效的学习与研究环境，特意设置公共服务区。

图书资料室作为知识的宝库，不仅收藏了丰富的绿色建筑节能领域书籍，还有国内外珍稀文献、历史档案及专家手稿，为师生提供了宝贵的研究资源。通过设立特色主题书架,如“绿色建筑经典案例”“可持续发展理论前沿”，可以引导师生深入探索特定领域，拓宽视野。此外，知识产权咨询窗口的增设，为师生的创新成果提供了坚实的保障，专利申请、版权登记及科技成果转化等方面的专业指导可以有效地帮助师生保护知识产权。与国际知名图书馆、研究机构的紧密合作，更是让图书资料室能够为师生提供国际学术前沿信息。

信息中心是智慧驱动的决策支持核心。大数据分析实验室中配备了高性能计算设备与数据分析软件，可以让师生进行大规模的数据处理与预测分析，这为绿色建筑节能领域的科学研究与政策制定奠定了坚实基础。智能信息推送系统，可以精准捕捉师生的研究兴趣与需求，实时推送相关学术论文、行业动态及项目申报信息，极大地提高了信息获取的时效性与针对性。通过开放数据平台，师生不仅能共享研究成果与数据集，还能通过平台提供的数据可视化工具，更好地展示与分析数据，促进了知识的共享与再利用。

创新创业孵化器是从创意到市场的全程陪伴者。定期举办的创业实训营中汇聚了行业导师、投资人及成功创业者，为师生提供了宝贵的实践机会。创业实训营的活动涵盖市场分析、产品设计、营销策略及融资技巧等方面的内容。原型制作与测试中心中配备了 3D 打印机、CNC 机床（Computer Numerical Control Machine，数控机床）及电子实验室等设备，支持师生将创意及时转化为实物原型，并进行功能测试与性能评估，加速产品从概念到市场的转化进程。创业法律顾问的常驻服务，可以对师生在创业过程中遇到的法律问题提供及时、专业的解答，确保创业活动的合法合规。

在细节之处，公共服务区同样展现了对师生的深切关怀。公共服务区内提供绿色出行服务，如电动自行车租赁、共享单车租赁等，鼓励师生采用低碳出行方式，同时，校车服务也方便了师生在不同校区和实践基地之间的往返。公共服务区内设立了健康生活空间，如健身房、瑜伽室及休闲咖啡区等，鼓励师生进行适当的放松与锻炼，促进工作与生活的平衡。针对有家庭的师生,公共服务区提供儿童托管服务、亲子教育课程等。

公共服务区将持续探索智慧化、生态化、人性化的服务升级路径。通过引入更先进的技术，如 AI 助手与物联网传感器等，实现服务的个性化定制与高效响应。加强生态环保理念在公共服务区设计与运营中的应用，如使用可再生能源与推广绿色建材等，展现绿色建筑节能的实践成果。更加注重人文关怀，关注师生的情感需求与社交互动，打造温馨、和谐的社区氛围，让每一位师生都能在这里找到归属感与成就感。

综上所述，公共服务区以其全方位、多层次的服务支持体系，为师生提供知识获取、创新创业、身心健康及家庭关怀等一站式服务，助力绿色建筑节能领域的蓬勃发展与人才培养。

3.3 硬件设施与技术装备配置

在绿色建筑节能产教融合实践中心的构建蓝图中，硬件设施与技术装备配置是支撑教学、科研与产业实践深度融合的关键。教学实训设备作为连接理论与实践的桥梁，旨在通过模拟真实工作环境，强化学生的实践能力、创新思维及解决复杂问题的能力；科研仪器设备是推动学科前沿探索、解决行业技术难题的重要工具。信息化建设主要以智能化、网络化的技术手段，提升管理效率，促进资源共享，为绿色建筑节能领域的产教融合实践插上智慧的翅膀。

3.3.1 教学实训设备

在实践中心的构建中，教学实训设备至关重要，它们是理论知识向实践转化的桥梁，是培养学生实践能力、创新思维及解决复杂问题能力的关键工具。以下是对教学实训设备配置及其在教学中应用的详细阐述。

节能检测设备作为教学实训设备的重要组成部分，涵盖建筑能耗监测系统、光照度与色温测试仪、空气质量监测仪、热成像仪以及窗户气密性与水密性测试仪等。这些设备能够实时监测和记录建筑能耗、照明环境、室内空气质量以及建筑围护结构的性能，为师生提供深入理解建筑节能动态变化、识别节能空间及优化设计的直观数据支持。在实训中，学生通过操作这些设备，能够掌握其使用方法和数据分析技巧，还能加深对建筑节能重要性的认识，为未来的绿色建筑设计和实践奠定坚实基础。

模拟仿真软件是连接理论与实践的另一重要纽带。建筑能耗模拟软件如 EnergyPlus、DeST（Designer’s Simulation Toolkit）等，能够基于建筑信息模型（BIM）进行能耗的精准模拟，支持设计师在设计初期评估不同方案的能耗表现，从而优化设计决策。日照分析与光影模拟软件如 Ecotect、SketchUp+V-Ray 等，能够深入分析建筑场地的日照条件，模拟建筑内外的光影效果，为建筑设计优化提供视觉支持。计算流体动力学（Computational Fluid Dynamics，CFD）模拟软件如 ANSYS Fluent、COMSOL Multiphysics 等，能够模拟建筑内外空气流动、温度分布等情况，为评估通风效果与热舒适性提供科学依据。建筑结构分析与优化软件如 SAP2000、MIDAS 等，能够进行建筑结构的安全性与经济性分析，帮助设计师优化结构设计，减少材料消耗和能耗。绿建斯维尔软件则集合了建筑能耗模拟、日照分析、风环境模拟及光环境优化等多重功能，为绿色建筑的设计与实践提供全方位的技术支持。这些模拟仿真软件不仅在教学过程中发挥了重要作用，还通过实训项目让学生直观地看到设计参数对能耗、通风、采光等的影响，从而有助于探索出更优的设计策略。

实训操作平台是学生将理论知识转化为实践能力的重要场所。绿色建筑材料展示与测试平台能够展示各类绿色建筑材料，并配备先进测试设备。学生在该平台能够亲手进行材料性能测试，以深入了解绿色建材的性能特点与优势。智能建筑控制系统实训平台集合了智能照明、温控、安防等多个子系统，用于学生学习智能建筑系统的配置、调试与维护。可再生能源利用实训平台提供了太阳能光伏、风能发电、地源热泵等多种技术，可以让学生亲手组装和调试可再生能源系统。雨水收集与利用实训平台可以展示雨水资源化的全过程，便于让学生了解雨水收集与利用的基本技能。绿色屋顶与垂直绿化实训平台用于绿色建筑生态设计的教学与实践，可以让学生学习绿色屋顶与垂直绿化的设计、施工与维护。这些实训操作平台提供了丰富的学习资源和实践机会，用于培养学生的创新能力和解决问题的能力。

综合实训中心与实验室为绿色建筑教育提供了更加全面、系统的学习平台。综合实训中心通过模拟建筑节能、智能建筑、可再生能源等多个领域的真实环境，为学生提供一个全方位的学习与实践空间。建筑材料与构造实验室用于建筑材料的性能研究和新型绿色建材的开发与应用。环境控制与能源管理实验室用于室内环境质量和能源管理的研究与实践。建筑信息化与智能化实验室用于推动建筑信息化和智能化转型的教学与科研活动。这些综合实训中心与实验室提供了先进的研究设备和实验条件，用于强化学生的实践能力。

在实训设备的管理与维护方面，实践中心建立了完善的设备管理制度和技术培训机制。如通过定期的设备维护和技术培训活动，可以确保实训设备的状态良好，确保师生的实践能力逐步提升。实践中心还鼓励校内外合作与资源共享，以促进实训资源的有效利用和产学研用的深度融合。

综上所述，实践中心的教学实训设备配置覆盖节能检测设备、模拟仿真软件、实训操作平台以及综合实训中心与实验室。通过理论与实践的紧密结合和实训资源的有效管理与利用，能够有效提升学生的专业技能与创新能力，还能为绿色建筑节能领域的科学研究与产业发展提供有力支撑。

3.3.2 科研仪器设备

科研仪器设备作为实践中心科研创新的核心支撑，不仅代表了绿色建筑领域的技术前沿，还是推动理论突破、技术创新和成果转化的重要工具。以下将详细介绍一系列关键科研仪器设备的配置情况。

在绿色建筑科研领域，高效液相色谱仪（High Performance Liquid Chromatography，HPLC）凭借其卓越的分离、鉴定及定量分析能力，成为研究建筑材料和室内空气质量不可或缺的工具。HPLC 能够精准地分离并测定样品中的化学成分，如建筑材料中的挥发性有机化合物（Volatile Organic Compounds，VOCs），为绿色建材的评估和室内空气质量的改善提供数据支持。气相色谱—质谱联用仪（Gas Chromatography-Mass Spectrometry，GC-MS）结合了气相色谱的高效分离能力和质谱的定性功能，能对建筑材料中挥发性有机物的释放特性进行精确分析，为绿色建材的研发提供有力保障。

扫描电子显微镜（Scanning Electron Microscope，SEM）与能谱仪（Energy Dispersive Spectroscopy，EDS）的联用，为绿色建筑材料的微观结构分析和元素组成研究开辟了新途径。SEM 能够清晰地观察材料表面的微观形貌，EDS 则能准确分析材料微区的元素组成，两者结合使用，使科研人员能够更全面地了解建材的微观结构和性能，为绿色建材的优化提供科学依据。X 射线衍射仪（X-ray Powder Diffractometer，XRD）通过利用 X 射线与物质相互作用产生的衍射现象，能够准确地分析材料的晶体结构，为绿色建材的研发和应用提供重要支持。

在实验装置方面，人工气候室为绿色建筑科研提供了可控的实验环境。通过模拟各种气候条件，可以为研究建筑材料和系统在特定气候条件下的性能表现提供有利条件。建筑围护结构热工性能实验台用于测试不同围护结构的传热系数、热桥效应等指标，可以为绿色建筑设计和节能改造提供数据支持。可再生能源系统实验平台提供太阳能、风能等多种可再生能源技术的实验装置，可用于探索可再生能源系统的高效集成与优化设计。

通过建筑通风与空气质量控制实验装置模拟不同的通风和空气净化技术，评估其效果与机理，可以为改善室内空气质量提供科学依据。用于研究建筑材料的隔声性能和建筑结构的振动特性建筑声学与振动控制实验平台，这可以为绿色建筑声学设计和环境噪声治理提供技术支持。

在测试系统方面，通过建筑能耗与能效测试系统实时监测建筑整体能耗及各用能系统的能效指标，可以为建筑节能评估与优化提供全面而准确的数据支持。通过室内环境舒适度测试系统评估室内温度、湿度、光照、空气质量等参数，可以为构建健康与舒适的建筑室内环境提供数据支持。通过建筑材料耐久性测试系统对建筑材料进行长期暴露实验和加速老化试验，可以评估相关建筑材料的耐久性和使用寿命，为绿色建材的选择和应用提供重要参考。

这些科研仪器设备和实验装置的配置，有助于提升绿色建筑研究的精确度和深度，推动绿色建筑技术的创新性发展。它们为科研人员提供了强有力的工具，使他们能够更深入地了解建筑材料的性能，探索节能减排的新途径，优化建筑设计和运行策略，为绿色建筑节能领域的可持续发展贡献力量。

3.3.3 信息化建设

在实践中心的构建中，信息化建设扮演着举足轻重的角色，它不仅是提升管理效率、促进资源共享的关键，还是推动科研创新、提升用户体验的重要引擎。实践中心的信息化建设规划涵盖网络基础设施、数据管理系统、智能控制系统以及信息化建设。

网络基础设施是信息化建设的基石。实践中心注重核心网络与接入层网络的双重优化。核心网络采用高性能交换机和万兆以太网技术，以确保数据传输的高速与低延迟，同时，具有高度可扩展性和冗余性，的网络才能为未来业务的增长提供坚实基础。接入层网络则部署千兆以太网交换机，目的是实现实践中心内各类终端设备的稳定、快速连接。此外，实践中心全面建设了无线局域网系统，采用最新 Wi-Fi 标准，以确保网络覆盖无死角，并配置多层次网络安全防护体系，以保障数据的安全与隐私。网络管理与运维方面，实践中心采用网络管理软件进行集中化管理，同时可以进行实时监控和快速故障排查；实施智能带宽分配机制，定期开展网络性能测试与优化，确保网络高效、稳定运行。

数据管理系统是确保数据高效处理、科学分析以及安全存储的核心。实践中心采用服务器虚拟化、存储虚拟化等技术，以建设高性能数据中心，提高资源利用率，降低运维成本。实践中心致力于构建数据仓库系统，以整合实践中心各类数据资源，部署大数据处理和分析平台，支持大规模数据的实时处理和分析，挖掘数据价值，助力科研决策。在数据安全与隐私保护方面，实践中心采用数据加密技术、严格访问控制策略以及对涉及个人隐私的数据进行脱敏和匿名化处理，以构建全方位的安全防护体系，确保数据的安全性和隐私性。

智能控制系统是提升建筑管理效率与用户体验的关键。建筑自动化系统（Building Automation System，BAS）的环境监控、能源管理及设备控制功能,可以使建筑环境舒适高效。智能照明系统的融合感应控制、场景模式和能源管理功能，可以创造节能舒适的照明环境。智能安防系统高清视频监控、入侵检测设备和门禁系统等功能，可以构建全方位的安全防护网。智能会议系统的使用可以提升沟通效率，为科研合作与交流提供有力支持，其支持远程视频会议、会议预约管理以及无线投屏和互动白板等功能。

信息化建设的成功实施离不开坚实的保障措施。在组织保障方面，实践中心将成立信息化建设领导小组和工作小组，以确保工作有序开展。在技术保障方面，实践中心将引进先进信息化技术和设备，加强技术培训和交流，以提高人员技术水平。在资金保障方面，实践中心将制定合理的信息化建设预算和资金使用计划，探索多元化资金筹措渠道。在制度保障方面，实践中心将建立完善的信息化建设管理制度和规范，加强信息安全和隐私保护制度建设。

综上所述，实践中心的信息化建设是一个系统工程，需要综合考虑网络基础设施、数据管理系统、智能控制系统以及信息化建设。通过科学合理的规划和实施，可以打造一个高效、智能、可持续的信息化平台，为绿色建筑节能领域的科研创新、教学培训和产业发展提供强有力的支撑和保障。这一信息化平台，将极大地提升实践中心的管理效率、科研能力和用户体验。

3.4 师资队伍建设与人才培养方案

在绿色建筑节能这一前沿领域，构建一支既具备深厚理论功底，又拥有丰富实践经验的师资队伍，对于推动产教融合深度发展、实现教育与产业的紧密对接至关重要。为此,实践中心需优化师资队伍结构、师资培训与发展、完善人才培养方案。

3.4.1 师资队伍结构

在实践中心的建设与发展历程中，师资队伍的优化与建设是确保教学质量、推动科研创新及深化产业融合的核心要素。实践中心当前的师资队伍由资深专家与教授、中青年骨干教师、实践型教师与兼职教师，以及新入职教师与助教四个层次的人员组成，呈现出多元化且结构分明的特点。

资深专家与教授构成了师资队伍的坚实基石。他们凭借深厚的学术造诣和丰富的实践经验，在绿色建筑节能领域享有极高的声誉。这些专家与教授不仅教学能力强，还在科研创新与项目引领中发挥着不可替代的作用。面对这些专家与教授因年龄增长可能带来的退休问题，实践中心已着手规划知识传承与梯队建设，以确保宝贵师资力量的持续稳定。

中青年骨干教师作为实践中心的中坚力量，普遍具备高学历背景和突出的教学能力、科研能力。他们不仅承担着繁重的教学任务，还积极参与各类科研项目与产业实践活动，是推动产教融合的重要驱动力。值得注意的是，由于职业发展阶段和学术积累的差异，中青年骨干教师在教学水平和科研能力上容易呈现不均衡性。为此，实践中心制定了一系列具有针对性的培养措施，旨在通过系统培训、导师辅导和项目实践等方式，全面提升他们的综合素质和业务能力。

实践型教师与兼职教师为实践中心带来了丰富的行业经验和专业技能。他们通过参与教学设计、课程开发和实习实训等环节，为学生提供了贴近行业实际的指导和培训。这些教师的加入，不仅增强了教学的实践性和应用性，还促进了产教融合的深入发展。然而，由于工作性质和时间安排的限制，实践型教师和兼职教师在教学投入和稳定性上可能存在一定的问题。实践中心通过灵活的管理机制和周到的服务保障，努力为他们创造良好的工作环境和发展空间。

新入职教师与助教作为实践中心的新鲜血液，虽然在教学经验和专业技能上尚需提升,但他们充满学习热情。为了培养这一层次的教师，实践中心实施了“青蓝工程”等导师制度，为他们配备经验丰富的导师进行一对一指导。同时，通过组织教学观摩、教学研讨等活动，帮助他们快速掌握教学技巧和方法，提升教学质量。

在引进高层次人才方面，实践中心采取了一系列措施。首先，根据学科发展需求和战略目标，制定科学合理的人才引进计划，明确引进标准。此标准涵盖学历背景、学术成就、实践经验等多个维度。其次，通过提供具有竞争力的薪酬、优厚的住房补贴和充足的科研启动经费等，吸引国内外高层次人才的加盟。最后，积极拓展国际合作与交流渠道，引进具有国际视野和前沿水平的人才，提升实践中心的国际影响力和竞争力。

为了打造一支高素质、专业化的中青年骨干教师队伍，实践中心还制定了系统的培养措施。首先，构建了完善的培养体系，为每位教师制订个性化的培养计划，并提供系统的培训和学习机会。其次，加强实践教学能力的培养，通过组织教学观摩、实践技能培训等活动，提升中青年教师的教学效果和质量。再次，积极支持中青年骨干教师参与科研项目和科研活动，并为之提供必要的科研经费和实验条件，激发他们的科研活力。最后，通过组织学术交流、科研成果展示等活动，促进中青年骨干教师之间的合作与交流，共同推动科研创新性发展。

实践中心还注重师资队伍的国际化建设。通过派遣教师参加国际学术会议、研讨会和进修项目等方式，提升教师的国际视野和跨文化交流能力。同时，积极引进具有国际背景的优秀教师和专家，他们能够为实践中心带来先进的教育理念和教学方法。

综上所述，实践中心在师资队伍建设方面取得了显著成效。通过优化师资结构、引进高层次人才、培养中青年骨干教师以及加强国际化建设，实践中心构建了一支结构合理、素质优良、充满活力的师资队伍。这支队伍不仅为实践中心的教学质量和科研水平提供了有力保障，还为推动绿色建筑节能领域的产教融合和可持续发展做出了重要贡献。

3.4.2 师资培训与发展

在实践中心的师资队伍建设中，师资培训与发展也很重要。它不仅是教师提升专业素养、增强教学能力和科研创新力的关键途径，还是推动绿色建筑节能领域持续发展的重要保障。为了构建一支高素质、专业化的师资队伍，实践中心精心规划了一系列培训与发展计划，旨在为教师提供多元化、持续性的学习和发展机会。

首先，制订师资培训计划的必要性不言而喻。随着绿色建筑节能领域的快速发展，教师需要不断更新知识体系，紧跟行业动态，以确保教育内容的时效性和准确性。因此，实践中心将师资培训纳入战略规划，定期邀请知名专家举办专题讲座，分享最新研究成果和行业经验；同时利用在线学习平台，为教师提供丰富多样的网络课程。这些课程涵盖绿色建筑设计的最新理念、节能技术的最新进展等内容。此外，教学技能的提升也是培训计划的重点之一。实践中心通过组织教学设计工作坊、课堂管理技巧培训等实战性强的活动，帮助教师掌握有效的教学技巧，提升教学质量。

其次，在促进国内外学术交流方面，实践中心鼓励教师积极参与国际学术会议和研讨会，以拓宽学术视野，提升国际影响力。同时，实践中心定期邀请国际知名专家来访，与教师进行面对面的学术交流与合作，以引入国际先进的学术理念和方法。为了进一步提升教师的国际竞争力，实践中心还选拔优秀教师赴国外知名高校或研究机构进行研修或合作研究，以激发教师的学术灵感。

再次，企业实践锻炼是提升教师实践能力与应用水平的重要途径。实践中心与绿色建筑节能领域的企业建立了紧密的合作关系，选派教师到企业进行挂职锻炼，使之参与实际项目和技术研发，有助于教师了解行业需求和前沿动态。同时，鼓励教师与企业合作开展产学研项目，以提升教师的科研能力和技术创新能力。

最后，专业技能培训是提升教师专业素养与综合能力的基础。实践中心定期举办教学技能培训、科研方法培训以及软件工具应用培训等活动，帮助教师掌握先进的教学方法和科研技能，提高工作效率。同时，鼓励教师参加跨学科技能培训，拓宽知识领域和技能范围，为教学和科研提供新的思路和方法。

为了确保师资培训与发展计划的有效实施，实践中心采取了一系列保障措施。在经费方面，设立专项师资培训与发展经费，支持教师参与各类培训和发展活动。在时间安排上，合理规划教师的教学与科研任务，确保他们有充裕的时间用于培训和发展。在制度层面，建立完善的制度体系，明确培训的目标、内容、方式及具体要求，并建立关于培训效果的评估机制；建立有效的激励机制，将教师的培训与发展成果与职称晋升、科研奖励等挂钩，激发教师的积极性和创造力。在资源保障方面，为教师提供丰富的培训资源和学习材料，建立教师学习社群，促进教师之间的交流和合作。

综上所述，通过制订师资培训计划、加强国内外学术交流、实施企业实践锻炼计划、开展专业技能培训以及采取保障措施，实践中心将不断提升教师的专业素养、教学能力和科研创新力。未来，实践中心将继续深化师资培训与发展工作，探索更多创新模式和方法，以适应行业发展的需求，推动绿色建筑节能领域的持续进步与发展。

3.4.3 人才培养方案

绿色建筑节能领域作为推动可持续发展和生态文明建设的关键领域，对人才的需求日益多元化和高层次化。为了满足这一需求，实践中心精心设计了一套多层次、多类型的人才培养方案，旨在构建全方位、立体化的人才培养体系，为绿色建筑节能领域输送高质量的专业人才。

职业专科教育注重实践技能的锤炼与职业素养的培育，以便为社会输送具备实战能力的一线技术技能人才。这一教育形式要求学生扎实掌握绿色建筑节能领域的基础理论知识和核心技能，如绿色建筑的设计与施工、节能技术的灵活应用等，并特别强调职业道德、团队协作精神和终身学习习惯的培养。通过“工学结合、校企合作”的教学模式和项目驱动教学，学生能够在实践中不断磨炼技能，提升综合能力。

职业本科教育则在职业专科教育的基础上进一步延伸，旨在培养出既具备高层次技术技能，又拥有一定管理能力的复合型人才。这一教育形式不仅要求学生深入掌握绿色建筑节能领域的系统理论知识和先进技术，还要求学生具备绿色建筑设计与优化、节能技术研发与应用等能力。通过实施问题导向学习、加强科研训练以及开展绿色建筑节能综合实训项目，职业本科教育致力于提升学生的理论素养、创新能力和管理水平。同时，通过加强与国际绿色建筑节能领域高校和研究机构的交流与合作，可以拓宽学生的国际视野，提升他们的外语水平和国际交流能力。

普通本科生教育侧重于为学生构建坚实的理论基础，同时侧重于培养其综合素质，以便为学生铺设一条宽广的学术与职业发展道路。这一教育形式要求学生掌握绿色建筑节能领域的基本理论知识和方法，具备绿色建筑设计与分析、节能技术评估与应用等核心能力，具有一定的科学素养、人文素养和创新能力。通过理论与实践相结合的教学模式、丰富的课程体系以及绿色建筑节能实验室和实习企业的支持，普通本科生教育能够全面提升学生的综合能力和实战经验。同时，通过加强国际化教育，学生有机会接触到国际前沿的绿色建筑节能理念和技术，为职业发展奠定坚实基础。

研究生教育则是人才培养的高端环节，致力于塑造具备深厚理论功底、广阔学术视野以及卓越创新能力的领军人才。这一教育形式要求学生深入掌握绿色建筑节能领域的前沿理论知识和研究方法，具备绿色建筑节能技术研发、系统设计与优化等能力。通过导师制的教学模式、丰富的课程体系以及高水平的科研项目研究，研究生教育能够全面提升学生的科研能力和学术素养。同时，通过加强国际化教育，鼓励学生参加国际学术会议、研讨会和交流活动，发表高水平学术论文，展示研究成果和学术才华，为他们的职业发展提供广阔空间。

职业培训方案作为连接理论与实践、提升从业人员专业技能与职业素养的重要桥梁，在绿色建筑节能领域中发挥着重要作用。该方案旨在提升从业人员的绿色建筑节能专业知识和实践技能，增强他们的职业素养，强化他们的职业道德意识。通过线上线下相结合的培训模式、模块化的培训课程以及绿色建筑节能实训基地的支持，职业培训能够为学员提供全面、系统的学习和实践机会。同时，通过与国内外知名的绿色建筑节能认证机构合作，开展认证与资质培训，可以提升学生的职业竞争力。此外,职业培训还注重从业人员的持续教育与发展，鼓励从业人员参加研讨会、工作坊、在线课程等活动，以便更新知识、提升技能，实现职业成长和进步。

综上所述，实践中心设计的人才培养方案涵盖了职业专科教育、职业本科教育、普通本科生教育、研究生教育以及职业培训多个层次，旨在满足绿色建筑节能领域对多元化、高层次人才的需求。通过不断优化和完善人才培养方案，加强与国际绿色建筑节能领域高校、研究机构和企业的合作与交流，实践中心将为绿色建筑节能领域的发展贡献更多智慧和力量，培养出更多优秀的专业人才。

第四章

绿色建筑节能产教融合实践中心运行管理机制

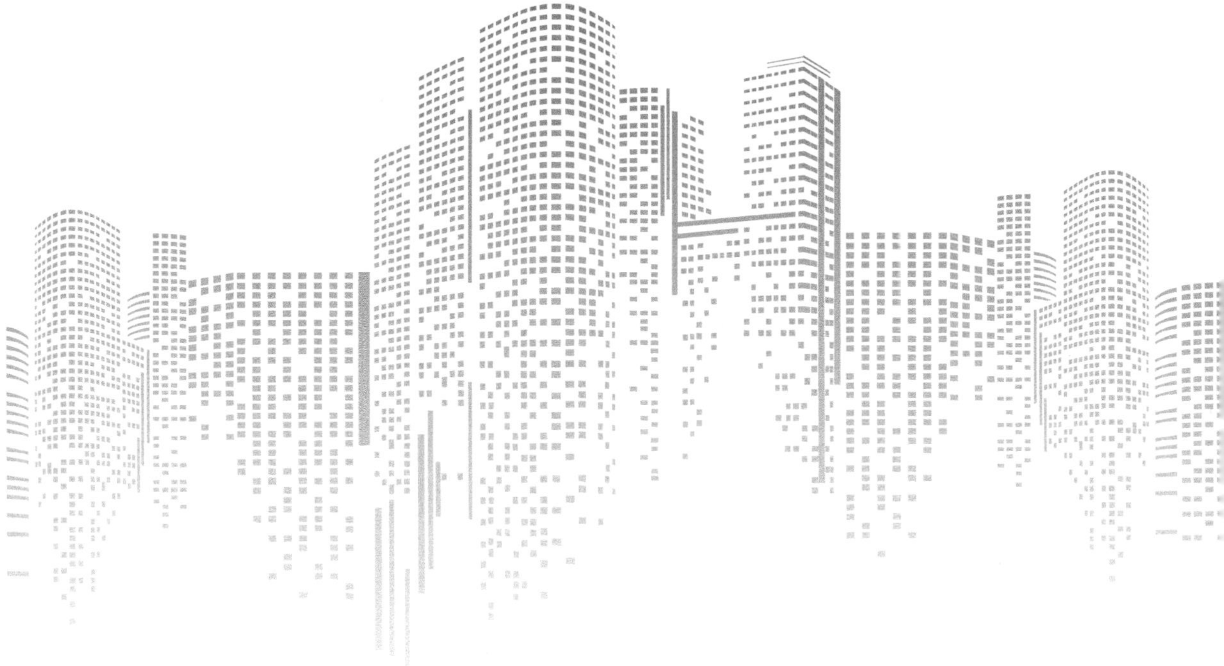

绿色建筑节能产教融合实践中心作为教学、科研与产业实践的交汇点，对推动技术创新、加速成果转化以及培育高素质人才至关重要。因此，构建科学高效的运行管理机制成为确保实践中心持续发展的关键。本章将从组织架构与职责分工、项目管理与实施流程、教学质量监控与评估体系三个方面进行剖析，旨在呈现一个系统、全面的管理机制框架，为绿色建筑节能领域的产教融合实践提供经验与启示。

4.1 组织架构与职责分工

组织架构设计的是否合理性与高效性，对于实践中心能否灵活应对市场波动和业务需求，以及实现资源的精准配置和协同合作的顺畅进行，起着至关重要的作用。接下来的内容先聚焦组织架构设计这一部分，细致描绘实践中心如何通过精心设计的组织架构为后续的职责划分与协同合作铺设坚实的基石。这一设计不仅着眼于提升实践中心内部的运作效率，还致力于通过清晰的层级构建和明确的职责界定，促进各部门间的无缝衔接与深度协作，推动实践中心向更高的发展目标挺进。

4.1.1 组织架构设计

实践中心的组织架构是其高效运作的基石。实践中心通过科学、合理且富有弹性的组织架构，确保了各部门之间的顺畅沟通与协作，激发了团队成员的工作积极性与创造力，为绿色建筑节能领域的教育、科研及社会服务提供了坚实保障。

管理部门是实践中心的决策与指挥中心，负责战略规划、资源管理与优化配置、内部协调与外部合作等职责。管理部门通过制定并执行实践中心的长远发展规划，确保实践中心各项工作的有序推进。管理部门负责财务管理、人力资源管理和物资采购与供应等行政工作，以保障中心资源的合理配置与高效利用。管理部门通过协调各部门之间的工作关系，可以解决跨部门合作中的矛盾与冲突，促进实践中心内部的高效运转。管理部门还积极与政府部门、行业组织、企业及教育机构建立良好的合作关系，以拓宽合作渠道，争取政策与资金支持，提升实践中心的社会影响力与竞争力。

教学部门是实践中心的核心，承担着传授知识与培育人才的重任。教学部门需要紧跟行业趋势，深入剖析市场需求，并结合绿色建筑节能学科的特性，制订并不断调整教学计划，以确保教学内容的时效性与实用性。教学部门通过组织多样化的教学活动，如理论教学、实践教学和项目式教学等，提升学生的专业技能和创新能力。教学部门还负责学籍管理、教学质量监控与评估等工作，以确保教学过程的规范性和公正性。教学部门鼓励教师进行教学研究与改革,以探索更加高效、实用的教学模式与方法，如案例教学、翻转课堂等。此外，教学部门下设教研室、实验室和实训中心等，为师生提供丰富多样的教学资源与实践机会。

科研部门是实践中心的技术创新源泉，承担科研项目从选题到成果转化的全过程管理任务。科研部门需要捕捉绿色建筑节能领域的科研选题，精心实施科研项目，以确保研究成果的创新性和实用性。科研部门通过有效管理科研成果，旨在推动科技成果的转化与应用，促进产业升级与技术进步。同时，科研部门积极开展学术交流与合作，以便与国内外知名高校、科研机构和企业建立紧密的合作关系，共同推动绿色建筑节能领域的技术创新与发展。为了促进科研工作的深入开展，科研部门还设置了科研机构，如重点实验室、研发中心等，为科研人员提供先进的科研条件和良好的创新环境。

服务部门则负责为实践中心提供全方位的支持与服务。服务部门通过提供技术咨询、成果推广、培训服务等，促进绿色建筑节能技术的普及与应用。同时，服务部门还负责中心的后勤保障工作，如设备管理、安全保卫等，以确保实践中心各项工作的顺利进行。服务部门还积极收集市场需求与反馈信息，以便为教学部门和科研部门提供决策支持与服务。

通过科学的组织架构设计和明确的职责分工，实践中心实现了各部门之间的协同合作与高效运转。管理部门、教学部门、科研部门和服务部门各司其职、相互配合，共同推动绿色建筑节能领域教育、科研与社会服务工作的深入开展，为培养高素质人才、推动技术创新与产业升级做出了积极贡献。

4.1.2 职责明确与协同合作

在绿色建筑节能产教融合的实践探索中，明确职责与协同合作是推动项目高效执行与创新发展的关键。通过精细化的职责划分和高效的协同机制，可以构建一个既分工明确又紧密合作的运营体系，为绿色建筑节能领域的发展注入新的活力。

为了构建高效执行的基础，实践中心制定了一份详尽的岗位职责说明书，明确了每个岗位的工作内容、要求、流程以及预期成果，以确保每位员工对自己的岗位有清晰的认识。实践中心还建立了一套科学的绩效考核机制，将员工的工作表现与薪酬调整、晋升机会等切身利益挂钩，以激发员工的工作热情和创造力。此外，实践中心通过定期的职业道德教育和成功案例分享，强化员工的责任意识，使员工更加主动地承担起岗位职责，为实践中心的发展贡献力量。

在促进协同合作方面，实践中心采取了一系列举措。第一，确立了部门联席会议制度，定期召集各部门代表共同讨论工作中的重难点问题，集思广益，寻求最优解。这种开放的交流模式有效消除了信息孤岛，确保了决策的全面性和执行的高效性。第二，针对需要跨部门协同的重大项目或任务，成立跨部门项目组，汇聚各领域的专家和技术精英，共同规划、分工合作，共同推动项目的顺利实施。这些项目组的成立不仅实现了资源的优化配置，还促进了员工之间的知识交流与技能互补。

为了进一步提升协同合作的效果，实践中心还积极组织团队建设活动和跨领域培训，增强员工间的信任与默契，拓宽员工的视野和知识面。同时，建立信息共享平台，汇集各部门的业务数据、研究成果及行业动态等资源，为员工提供便捷的信息获取渠道，促进知识的共享与智慧的碰撞。此外，实践中心还高度重视领导力建设，通过定期的领导力培训与实战演练，培养了一批具有全局视野和战略思维的领导者，为组织的持续发展与壮大提供了坚实的保障。

以某知名大学的“绿色校园”建设项目为例，该项目旨在将校园内多栋老旧建筑改造为高效能、低能耗的绿色建筑，同时要求融入现代教学设施和生活设施。实践中心作为核心技术支持单位，面临保持校园历史风貌、实现建筑节能和环保、增加现代教学设施和生活设施的多重挑战。通过跨部门的紧密合作与资源共享，实践中心成功完成了该项目的设计、施工与验收工作。在这一过程中，各部门充分发挥了各自的专业优势，共同攻克了技术难题，同时通过团队协作与跨领域学习，员工的综合素质与创新能力得到了显著提升。

综上所述，明确职责与协同合作是绿色建筑节能产教融合实践中的关键环节。通过构建高效执行的基础与打造紧密合作的团队，可以推动绿色建筑节能领域的技术创新与行业发展。

4.2 项目管理与实施流程

在实践中心的高效运行中，项目管理与实施流程构成了其核心框架。项目管理与实施流程的第一阶段是项目申报与审批。作为项目启动的基石，这一步要确保选题的前瞻性、论证的严谨性及审批的公正性,以便为项目的成功实施奠定坚实基础。第二阶段是项目实施与监控。这是理论向实践转化的关键环节。通过精细的进度控制、严格的质量监控及全面的风险管理，可以保障项目平稳推进。第三阶段是项目验收与评估。这一阶段要验证成果是否达到预期，还要通过科学的评估体系为项目的后续应用、推广及持续改进提供宝贵反馈。这三个阶段共同构成了项目管理与实施流程的完整生命周期。

4.2.1 项目申报与审批

项目申报与审批是实践中心项目管理与实施流程的核心环节，旨在确保项目的科学性、可行性和创新性。这一阶段包括项目选题策划及申报、项目论证、项目评审和项目审批四个关键步骤。

在项目选题策划及申报环节，实践中心鼓励跨学科合作，紧密围绕行业前沿、实际需求及产教融合策划并申报选题。例如，清华大学建筑学院与北京绿色建筑科技有限公司合作的“基于 BIM 和物联网技术的绿色建筑运维管理系统研发”项目，便紧扣绿色建筑节能的热点问题，旨在通过技术创新提升绿色建筑运维管理效率。

项目论证环节是对项目提案进行科学性和可行性评估。实践中心会组织专家团队，通过会议讨论、书面评审等形式，对项目的技术路线、预期成果及产教融合贡献度进行全面分析。对于“基于 BIM 和物联网技术的绿色建筑运维管理系统研发”项目，专家团队确认其技术方案先进，能够显著提升绿色建筑运维效率，对绿色建筑节能具有重要指导意义，因此该项目通过了讨论。

在项目评审环节，实践中心会设立专门的评审委员会，从技术的先进性、经济效益、社会影响等多维度对项目进行综合考量。评审委员会由行业专家、学者及企业代表组成，以确保评审的公平、公正、公开。对于“基于 BIM 和物联网技术的绿色建筑运维管理系统研发”项目，评审委员会高度评价其创新性、实用性和产教融合效果，认为该项目具有显著的社会价值。

最后，实践中心根据评审委员会的意见，对项目进行最终审批。审批通过的项目将获得资金、场地、设备等必要支持，正式进入实施阶段。对于“基于 BIM 和物联网技术的绿色建筑运维管理系统研发”项目，实践中心的支持使该项目团队成功研发出创新系统，为绿色建筑节能领域的技术进步和可持续发展做出了重要贡献。

综上所述，项目申报与审批流程确保了实践中心所审批项目的科学性和可行性。通过严格的选题策划及申报、论证、评审和审批，实践中心能够筛选出具有创新性和实用性的项目。未来，实践中心将继续优化这一流程，提高项目管理效率和质量，为绿色建筑节能领域的发展注入新的活力。

4.2.2 项目实施与监控

实践中心在项目实施与监控过程中，采取了一系列科学有效的措施，确保了项目的顺利实施。

进度控制是项目管理中的核心要素。为此，项目团队会制订详细的项目计划，以明确时间表、里程碑和关键路径。同时，通过定期召开项目会议、使用项目管理工具以及灵活调整计划，确保项目按时完成。例如，在“绿色建筑材料研发与应用”项目中，面对原材料供应延误的挑战，项目团队迅速调整计划，优先推进不受影响的任务，并与供应商紧密沟通，最终成功攻克难关，按时完成了项目。

质量监控是项目成功的重要保障。项目团队应建立完善的质量管理体系，实施质量检查与测试，引入第三方评估，并持续改进与优化，以确保项目成果符合预期标准。在“绿色建筑能效提升技术研究”项目中，团队严格遵循质量标准，经过多次质量检查和测试，以及行业专家的独立评审，最终获得了高质量的研究成果。

风险管理同样是项目管理中不可或缺的一环。通过识别项目风险、评估风险影响、制定应对策略，并持续监控风险变化，可以有效降低项目失败的可能性。在“绿色建筑智能化系统研发”项目中，团队敏锐地识别出技术风险和市场风险，通过加强技术研发、寻求合作、建立市场监测机制等措施，成功降低了风险，确保了项目的顺利进行。

沟通与协作在项目实施中发挥着关键作用。项目团队应定期召开会议，使用项目管理工具进行信息共享，建立问题反馈机制，以促进团队成员之间的紧密合作。这种良好的沟通与协作机制，有利于团队在面对挑战时能够迅速集结力量，共同寻找解决方案，确保项目的顺利实施。

项目监控的持续优化也是项目实施中必不可少的环节。项目团队应通过收集和分析项目数据，识别问题和改进点，制定并实施改进措施，以不断提升项目管理的效率和质量。这种持续优化的机制，有利于推动项目的顺利进行。

综上所述，项目实施与监控是实践中心项目管理与实施流程中的重要环节。通过科学的进度控制、严格的质量监控、有效的风险管理、良好的沟通与协作以及持续优化，可以确保项目的顺利实施。未来，实践中心将继续完善项目实施与监控流程，提高项目管理的效率和质量，推动绿色建筑节能领域的创新性发展。

4.2.3 项目验收与评估

项目验收与评估是绿色建筑节能项目管理生命周期中的重要环节，它标志着项目从实施阶段向收尾阶段的过渡。这一阶段会对项目成果是否达到预期目标、是否产生实际效益进行客观评价。因此，这一阶段不仅关乎项目的成功与否，更直接影响绿色建筑技术的推广与应用，以及节能减排目标的实现。

在项目启动之初，就应制定全面、具体、可衡量的验收标准。这些标准应涵盖技术性能、经济效益、环境效益、社会效益以及合规性等多个维度。技术性能标准注重节能率、减排量等具体指标；经济效益标准关注成本控制、投资回报率等经济指标；环境效益标准强调碳排放减少、空气质量改善等环境指标；社会效益标准通过用户满意度、社区参与度等社会指标来衡量；合规性标准用于确保项目符合相关法律法规和行业标准。

为了对项目成果进行全面、系统的评价，需要构建完善的项目评估体系。评估体系应涵盖技术、经济、社会、环境和管理等多个维度，并根据项目特点选择适合的评估方法，如专家评审、财务分析、问卷调查、环境影响评估等。在评估过程中，应保持客观、公正的态度，避免主观偏见和利益冲突，以确保评估结果的准确性和可信度。

项目验收与评估的目的是确保项目成果达到预期目标并产生实际效益。因此，在验收过程中，应严格按照既定的验收标准和流程进行，对不符合验收标准的内容提出整改要求,并跟踪整改情况。评估结束后，应及时将结果反馈给项目团队和相关方。同时，应量化经济效益、展示环境效益、强调社会效益，并通过媒体宣传、行业交流等方式广泛传播项目成果，提升项目团队和机构的知名度，促进绿色建筑节能技术的推广与应用。

项目验收与评估并不是项目管理的终点，而是项目管理生命周期中的一个重要节点。为了确保项目成果能够持续产生实际效益，需要对项目进行持续跟踪，并提供必要的后续支持。这一过程包括定期回访和检查项目成果，提供技术支持，以及建立长期合作关系。

综上所述，项目验收与评估是确保绿色建筑节能项目成果达到预期目标并产生实际效益的关键环节。通过制定明确的验收标准和评估体系，严格把关验收过程，客观、公正地进行评估，及时反馈与改进，以及持续跟踪与提供后续支持，可以确保项目成果的质量和效益，为绿色建筑节能领域的发展做出更大的贡献。

4.3 教学质量监控与评估体系

在探讨教育机构的核心竞争力与长远发展时，教学质量无疑是衡量其成功与否的关键指标之一。为了确保教学品质，提升学生学习成效，构建一套科学、全面的教学质量监控与评估体系显得尤为重要。这一体系不仅是对教师教学质量的直接反馈，也是推动教育持续改进、实现教育目标的重要保障。接下来，我们将从教学质量标准、教学评估方法以及持续改进机制三个方面，深入探讨如何构建一个高效运行的教学质量监控与评估体系。

4.3.1 教学质量标准

首先，制定详细的教学质量标准是构建教学质量监控与评估体系的基础。这些标准需涵盖教学内容、教学方法和教学效果等维度。教学内容应具备科学性、前沿性和实用性。哈佛商学院通过“案例导向”

的教学策略，围绕真实商业案例展开教学，培养学生解决问题的能力。教学方法应注重激发学生的学习兴趣和自主学习能力。斯坦福大学推行的“翻转课堂”教学模式，通过课前自主学习和课堂讨论实践，提高了学生的参与度强化了学生的批判性思维。教学效果应综合考虑学生的知识掌握程度、能力培养情况及情感态度价值观的转变情况。麻省理工学院采用的“成果导向”教育模式，通过明确、可衡量的学习成果来指导教学活动和评价教学效果。

其次，采用多元化的教学评估方法是检验教学质量标准实施效果的重要手段。教学评估方法应涵盖学生评价、同行评审、教学观摩及教学成果展示等方面。牛津大学通过“学生反馈系统”通过定期收集学生对课程的反馈意见,为教学改进提供参考。加州大学伯克利分校的“教学卓越计划”通过同行评审和教学观摩，促进教师之间的交流与合作，提升整体教学水平。清华大学的“挑战杯”科技作品竞赛为学生提供了展示创新能力的平台，也为学校评估教学成果提供了重要依据。

最后，构筑稳固且长效的教学质量提升保障机制，实为维系教学质量监控与评估体系效能不衰之根本。此机制应囊括周期性教学质量审视、评估结果剖析、改进策略规划及落地执行等核心流程。借由常态化教学质量评估，可迅速锁定教学环节中的薄弱之处与潜在问题，并据此设计出具有针对性的改进路径。与此同时，还应积极倡导教师群体投身于教学创新与研究之中，勇于开拓教学新境，尝试多元教学模式，从而顺应时代变迁之潮流，满足教育革新之需求。

综上所述，构建高效的教学质量监控与评估体系需要制定详细的教学质量标准、采用科学的教学评估方法以及建立教学质量提升保障机制。这一体系的实施，可以全面提升教学质量和办学水平，为培养具有创新精神和实践能力的高素质人才奠定坚实基础。

4.3.2 持续改进机制

建立教学质量持续改进机制，是确保教学质量不断提升的关键所在。这一机制要求教育机构根据评估结果，灵活调整教学计划和教学方法，以适应教育环境的变化和学生需求的变化。以下结合国内外知名教育机构的实践案例，详细阐述如何构建并实施这一机制。

持续改进机制的核心在于将教学评估结果作为调整教学的依据。剑桥大学通过“教学质量提升计划”，定期收集学生的反馈信息，分析教学成果，及时调整教学计划和教学方法，如增加实践课程、引入新技术等，有效提升了教学质量。为确保持续改进机制的有效实施，需设立相应的部门，明确部门职责。哈佛大学设立的“教学质量与改进办公室”，负责监控与改进教学质量，以确保教育工作的有序进行。制定明确的持续改进流程和规范同样重要。悉尼大学通过一套完善的流程，包括收集反馈、分析数据、制订计划、实施改进、评估效果等环节，确保改进工作的顺利进行。

教师是教学质量改进的关键。多伦多大学通过“教师发展项目”提供丰富的教学资源和培训机会，激发教师参与教学质量改进的积极性，推动教学质量的提升。信息技术的发展为教育质量持续改进提供了有力支持。斯坦福大学利用在线教学平台和教学管理系统，收集并分析教学数据，为教学质量评估与改进提供科学依据。建立激励机制，如奖励制度、晋升机制等，能激发教师和管理人员参与教育质量改进的积极性。牛津大学通过“教学质量奖励计划”，对表现优秀的教师进行奖励，增强了教师的职业荣誉感和归属感。以芬兰教育为例，其持续改进机制注重学生的全面发展，强调素质教育和创新能力培养。通过定期的教学评估、教师专业发展培训等措施，芬兰成功提升了教学质量和学生的学习成效，成为全球教育的典范。

综上所述，构建教学质量持续改进机制时需结合评估结果调整教学。通过设立相应的部门，制定流程和规范，鼓励教师参与，利用信息技术以及建立激励机制，可以有效建立并实施教学质量持续改进机制。通过这一机制的实施，教育机构能够不断提升教学质量，满足学生需求，适应教育环境的变化。

第五章 绿色建筑节能产教融合实践成效与展望

本章全面总结了绿色建筑节能产教融合实践中心在提升教学质量、加速技术创新、促进成果转化等方面的卓越贡献，深刻揭示了其对教育体系与产业需求深度融合、人才培养模式革新以及可持续发展理念贯彻的重要作用。本章将引领读者深入探索绿色建筑节能产教融合实践的精髓：通过典型案例分析，展现成功要素与实施路径，为同类实践提供经验与启示；直面实践中遇到的政策环境、技术创新、人才培养等挑战，提出有针对性的应对策略与建议；展望绿色建筑节能产教融合的发展趋势，提出有前瞻性的发展规划，旨在促进该领域的持续健康发展。

5.1 实践成效概述

本节旨在通过翔实的数据支撑与案例分析，全面描绘绿色建筑产教融合实践在促进理论知识与实践技能的深度融合，加速科研成果向实际应用的转化，并显著增强绿色建筑节能领域的社会服务功能三个方面的影响。具体而言，本节将深入剖析以下三个方面内容。第一，人才培养成果显著。校企合作、工学交替等机制有效提升了学生的综合素养与创新能力，为行业输送了大批高素质的专业人才。第二，科研成果丰硕。在产教融合平台的强力推动下，科研项目的高效推进与关键技术的突破，以及一系列自主知识产权创新成果的诞生，为绿色建筑节能领域的发展注入了新的活力。第三，社会服务贡献突出。绿色建筑节能产教融合实践在提升公共建筑效能、推广绿色生活方式及助力城市可持续发展等方面的重要贡献，彰显了其对促进社会经济绿色转型的重要作用。本节将全方位、多角度地展示绿色建筑节能产教融合实践的丰富成效，为后续深入探讨奠定坚实基础。

5.1.1 人才培养成果显著

绿色建筑节能产教融合实践对人才培养的成效斐然，为行业进步与产业升级注入了强劲动力。通过构建实践中心，有效搭建起理论知识与实践技能之间的桥梁，激发了学生的创新思维与创业潜能，培育出了一批批已在绿色建筑节能领域崭露头角的杰出人才。

实践中心通过其独特的教育模式，实现了理论与实践的深度融合。学生在这里不仅掌握了扎实的专业知识，还通过参与实际项目，锻炼了解决问题的能力。这使他们能够快速适应行业发展的需求。例如，张同学利用先进的建筑能耗模拟软件，不断优化设计方案，提出创新的节能策略，最终在学术期刊上发表了多篇高质量的研究论文，为绿色建筑节能设计提供了宝贵的理论依据。又如，李同学在校期间便通过了 LEED AP 认证，毕业后顺利加入一所知名建筑设计院。他在该建筑设计院参与多个绿色建筑项目的设计与管理，并凭借出众的专业能力赢得了广泛认可。

实践中心还为学生提供了接触前沿技术与项目的宝贵机会。在这样的环境中，学生勇于探索未知，敢于挑战传统，推动了新技术的研发与应用。例如，王同学带领团队研发出基于物联网技术的智能建筑能耗管理系统，通过遍布建筑的传感器网络，实时监测建筑能耗数据，实现了对建筑能耗的精准控制。该系统在多个示范项目中成功应用，取得了显著的节能效果。

随着优秀人才的不断涌现，绿色建筑节能产业也迎来了全面升级。

从设计到施工，再到运营管理，每一个环节都因人才的进步与技术的发展而变得更加高效、环保。设计师运用先进的设计理念和技术手段，打造出既美观又节能的建筑作品；施工人员熟练掌握新型建筑材料和施工技术，确保建筑的节能效果最大化；管理人员则运用智能化的管理系统，对建筑的能耗进行精准控制，进一步降低建筑的运营成本。

此外，实践中心培养出的优秀人才还具备国际视野，他们在国际交流与合作中展现出了中国绿色建筑节能行业的实力与水平。这些人才不仅提升了我国绿色建筑节能行业的国际影响力，还为行业的国际化发展提供了有力支持。

5.1.2 科研成果丰硕

实践中心在科研创新方面取得了显著成果。这些成果不仅提升了行业的科技水平，还推动了产业链的升级与重塑，引领了行业的发展趋势，并增强了行业的国际竞争力。

首先，实践中心的科研成果实现了从理论到实践的跨越。通过深入研究建筑材料的热工性能与环保特性，实践中心研发出了一系列新型绿色建材。这些建材不仅具有优异的保温隔热性能，还能有效降低建筑能耗，提高居住舒适度。这些建材的应用能够提升绿色建筑节能行业的技术水平，为行业树立新的技术标杆。例如，某些高性能保温隔热材料的应用显著降低了建筑能耗，推动了节能材料市场的快速发展。

其次，科研成果的转化与应用促进了产业链的升级与重塑。实践中心与相关企业紧密合作，将科研成果转化为实际产品，推动了从材料研发、设备制造到系统集成等各个环节的协同发展。例如，实践中心研发的智能建筑控制系统，通过集成先进的传感器、执行器与算法，实现了对建筑能耗的精准控制。这一系统的推广应用，促进了相关设备制造的发展，还带动了系统集成服务的兴起，使整个产业链变得更加完善、多元。

再次，实践中心的科研成果具有前瞻性与创新性，能够引领行业的发展趋势。通过对建筑能效评估方法的深入研究，实践中心提出了一套科学、全面的评估体系，为行业提供了统一的评价标准。这一体系的推广应用，有助于提高行业对建筑能效的重视程度，促进行业向更加绿色、智能、可持续的方向发展。

最后，实践中心的科研成果在国际舞台上展现出了强大的竞争力。例如，实践中心研发的绿色建筑节能技术在多个国际项目中得到了成功应用，赢得了国外客户的高度评价。这些成果的应用与推广，不仅提升了我国绿色建筑节能行业的国际影响力，还为行业的国际化发展开辟了广阔的空间。同时，实践中心还积极参与国际交流与合作，将中国的绿色建筑节能技术与经验推向世界舞台；积极促进技术输出与转让，推动了全球绿色建筑节能事业的发展；积极参与国际标准的制定与修订工作，提升了我国在该领域的国际影响力。

5.1.3 社会服务贡献突出

实践中心在社会服务方面做出了显著贡献，其连接了学术研究与实际应用、理论研究与社会服务。通过深度融入社会经济发展，实践中心为企业提供了专业的技术咨询，参与了地方绿色建筑标准的制定，开展了绿色建筑节能知识普及工作。

实践中心拥有先进的实验设备和测试平台，以及一批在绿色建筑节能领域具有深厚造诣的专家学者，这些资源为向企业提供高质量的技术咨询服务奠定了坚实基础。实践中心能够针对企业在绿色建筑节能方面遇到的具体问题，提供从项目规划、设计优化到施工实施、运维管理的全过程解决方案。此外，实践中心还与企业共建研发平台，推动新技术、新材料、新工艺的研发与成果转化，为企业带来了直接的经济效益，促进了整个行业的技术发展。

在地方绿色建筑标准制定方面，实践中心充分考虑了地方的气候条件、资源禀赋和经济发展水平，确保了所制定标准的适用性与可行性。同时，实践中心借鉴国际先进理念与技术，结合国内实际情况，提出了具有创新性的标准条款，提高了绿色建筑的设计与施工水平，促进了市场的规范化发展。通过举办培训班、研讨会和讲座等活动，实践中心还加强了对绿色建筑标准的宣传与培训，增强了行业对标准的认同感。

实践中心还积极开展绿色建筑节能知识的普及工作，通过公开讲座、研讨会、社交媒体和网络平台等，向公众传递绿色建筑节能的理念与知识。实践中心与学校、社区和企业合作，举办绿色建筑节能知识竞赛、体验日和展览等活动，丰富了公众的业余生活，强化了公众的环保意识，还为绿色建筑节能事业的持续发展培养了潜在的支持者与参与者。

实践中心的社会服务贡献不仅体现在具体的服务项目与成果上，还体现在其在促进区域经济发展与强化公众环保意识方面的重要作用上。通过为企业提供技术咨询和参与绿色建筑标准制定，实践中心推动了绿色建筑节能技术的广泛应用与产业的快速发展，为区域经济增长提供了新的动力。实践中心通过绿色建筑节能知识的普及，强化了公众的环保意识，为绿色建筑节能事业的发展营造了良好的社会氛围。

5.2 典型案例分析

随着绿色建筑节能理念的深入人心与产教融合实践的持续深化，一系列具有示范意义的项目如雨后春笋般涌现。这些项目不仅彰显了理论与实践相结合的巨大潜力，还为行业未来的发展指明了方向。本节聚焦几个典型案例，它们是绿色建筑节能技术与教育创新深度融合的结晶，是在政策引导、市场需求及科技进步多重驱动下，实现环境效益、经济效益与社会效益和谐统一的生动实践。对这些案例的深入剖析，旨在提炼可复制、可推广的经验模式，为绿色建筑节能领域的产教融合实践提供经验。

5.2.1 教学实训案例

案例一 绿色校园建筑设计竞赛

绿色校园建筑设计竞赛是积极响应国家绿色建筑发展战略的一项年度重点教学活动。其目标是通过竞赛形式，将绿色建筑理念融入校园建筑设计，培养具备扎实理论知识和较强实践创新能力的高素质人才。该竞赛的实施过程包括团队组建、方案设计、材料选择、成本估算、能耗模拟分析以及成果提交与评审等环节。

项目启动后，学校通过宣讲会和工作坊等形式，详细介绍竞赛规则、评分标准及绿色建筑设计的核心原则，鼓励学生自由组队，确保团队成员优势互补。在方案设计阶段，学生利用专业设计软件进行初步设计，企业导师则提供绿色建筑策略、材料选择和能源效率等方面的指导。随后，学生深入研究绿色建筑材料，进行成本估算和能耗模拟分析，确保设计方案的经济性和可持续性。

竞赛过程中，学生的参与度极高。这有利于学生加深对绿色建筑设计的理解，锻炼团队合作与项目管理能力。竞赛结束后，通过问卷调查和访谈等方式收集的学生反馈显示，学生的实践操作能力、数据分析能力和解决问题能力等均有显著提升。此外，多份优秀作品脱颖而出，部分作品甚至被学校采纳用于实际项目，这都展现了学生在绿色建筑领域的创新思维和实践能力。

绿色校园建筑设计竞赛的成功举办，不仅提升了教学质量，还深化了校企合作，为学生提供了宝贵的实践机会。更重要的是，它促进了绿色建筑理念的传播，为构建绿色、可持续的校园环境贡献了力量。这一案例充分证明了产教融合在绿色建筑教育领域的巨大优势。随着此类实践项目的持续开展，我们期待能够进一步推动绿色建筑教育的创新性发展，为绿色建筑领域培养更多具有实践经验和创新精神的高素质人才。

案例二　太阳能光伏系统安装与维护实训项目

在当今全球能源转型的大背景下，太阳能光伏系统的安装与维护成为高等教育与职业培训的重点领域。基于行业对专业人才的迫切需求，一项名为“太阳能光伏系统安装与维护”的实训项目应运而生。该项目依托学校与多家知名光伏企业的深度合作，旨在通过模拟真实工作环境，全面提升学生的专业技能与综合素质。

该项目源于国家对新能源产业的大力支持及行业快速发展下的人才短缺问题。通过校企共建实训基地，该项目设置了光伏系统基础理论、安装施工技能、系统调试与优化、日常运维管理四大模块，确保理论与实践的深度融合。项目团队由学校的专业教师与企业资深工程师共同组成，教学内容紧密贴合市场需求，实训设备齐全先进。

在该项目中，学生表现出极高的学习热情和极强的主动性。在实操训练中，学生不仅掌握了光伏系统的全流程技能，还强化了团队合作与沟通协调能力，有效提升了职业素养。该项目结束后，学生的实际操作技能、问题解决能力和团队协作能力均得到显著提升，对未来从事光伏行业的工作也充满信心。

产教融合在该项目中展现出显著优势。企业资深工程师的参与使教学内容更加贴近市场需求，学生积累的实践经验增强了其就业竞争力。同时，该项目也促进了学校教师专业技能的更新与提升，为科研与社会服务提供了广阔空间。未来，随着技术的不断进步和市场的持续拓展，该项目将继续深化校企合作，为培养更多高素质的光伏专业人才贡献力量。

5.2.2 科研创新案例

科研创新不仅是驱动技术进步与社会发展的核心引擎，亦是评估一个国家或地区科技竞争力的重要标尺。本节通过全面而深入地分析典型科研创新案例，揭示科研创新背后的思维逻辑、实施策略及其取得的卓越成就。以下所选案例都在各自的研究领域内做出了突破性的贡献，因此它们不仅生动展现了科研创新的魅力，更为后续的科研探索与政策规划提供了宝贵的灵感与参考框架，引领我们向科学的新边疆勇敢迈进。

案例一 智能窗户系统研发项目

在全球能源危机日益严峻、环境保护压力日益增大的当下，绿色建筑成为建筑业的主流趋势。窗户作为建筑的关键界面，其性能对建筑的能耗和室内环境有重要影响。传统窗户在调节光线、温度、噪声及安全性方面存在不足，导致能源浪费和居住体验不佳。因此，研发智能窗户系统，实现自动调节与高效节能，成为绿色建筑领域的迫切需求。

本项目致力于研发基于物联网和智能控制技术的智能窗户系统。该系统通过实时监测室内外环境参数，可自动调节窗户的开闭程度和透光性，以达到最佳节能效果和室内舒适度。本项目的研究内容包括窗户结构设计、传感器与执行器选型集成、控制算法开发与优化以及系统集成与测试。本项目采用模块化设计思路，分阶段推进研发工作。首先，对窗户结构进行优化设计，采用新型材料和技术提高保温隔热性能。其次，选用高精度传感器和高效执行器，实现对窗户的精准控制。再次，基于物联网和机器学习算法，开发具备自学习和自适应能力的控制算法。最后，将智能窗户系统与其他智能家居系统集成，进行全面性能测试和验证。在实验阶段，本项目团队在不同气候条件下进行了长期的实地测试，收集了大量数据用于算法优化和设计优化。经过多次迭代，本项目团队成功研发出具有自主知识产权的智能窗户系统。该系统在保持室内舒适度的同时，节能效果显著，节能率可达 30% 以上。此外，该系统易于安装和维护，市场推广价值高。

本项目的成功实施，不仅推动了窗户行业的技术创新，提高了建筑能效，改善了室内环境，还促进了产业升级，提升了社会效益。智能窗户系统的研发与应用，为绿色建筑领域的发展注入了新的活力，对于实现节能减排目标、保护环境、促进可持续发展具有重要意义。

案例二　高效节能空调系统研发项目

当下，绿色建筑成为实现可持续发展目标的重要途径。空调系统作为建筑能耗的主要来源，其能效提升对绿色建筑的发展至关重要。传统空调系统存在制冷效率低、能耗高、环保性差等问题，因此研发高效的节能空调系统成为迫切需求。

本项目致力于研发一种基于新型制冷技术和智能控制策略的高效节能空调系统，研究内容包括新型制冷剂的筛选与性能评估、空调系统的结构设计与优化以及智能控制算法的开发与应用。本项目的研发思路是将先进的制冷技术和智能控制技术相结合，通过筛选环保高效的新型制冷剂、优化空调系统结构设计、开发智能控制算法等措施，提升空调系统的能效，优化空调系统的舒适度。在实验阶段，本项目团队完成了高效节能空调系统的研发和测试工作。首先，搭建了原型机进行初步测试，验证了基本功能和性能。其次，进行了对比实验，展示了该系统在能效和舒适度方面的优势。再次，在不同气候条件下进行了实地运行测试，收集了反馈意见。最后，对实验数据进行了分析处理，对该系统进行了优化改进。经过多次迭代和优化，本项目团队成功研发出高效节能空调系统样机。该样机采用环保高效的新型制冷剂，具备快速制冷/制热、低能耗、低噪声等特点，能效显著提高，使用舒适度提升,且维护方便。该系统经过实地运行测试和用户反馈验证，得到了广泛好评，市场推广前景广阔。

本项目的成功不仅推动了空调行业的技术创新和突破，为绿色建筑节能领域提供了有力的技术支持，还实现了节能减排和环保贡献，提高了用户舒适度和生活质量。同时，本项目的成功也为空调行业的可持续发展提供了启发,实现了社会效益与经济效益的双重成功。因此，高效节能空调系统研发项目具有重要的现实意义和广泛的应用前景。

5.2.3 校企合作案例

在实践中心运行管理机制的基础上，校企合作的深度与广度得到了进一步拓展。双方在人才培养、技术研发、市场开拓等方面的深度合作很默契，成果显著。以下是对这些合作案例的详细剖析。

在人才培养方面，校企合作不再局限于传统的实习实训和联合培养，而是拓展到共同构建课程体系、开发教学资源及进行教学质量评估等方面。例如，清华大学与华为技术有限公司合作开展的“未来通信技术”人才共育计划，通过邀请企业工程师参与教学、共同开发前沿技术课程体系，以及为学生提供专属实习岗位和一对一导师指导，有效提升了学生的实践能力和职业素养。上海交通大学与上海汽车集团股份有限公司的“智能制造”产教融合项目，则通过建设实训基地、引入真实生产流程和管理制度，以及实施“工学交替”模式，为学生提供了模拟企业环境的实践机会，增强了他们的实践能力和就业竞争力。

在技术研发方面，校企合作体现在共同承担科研项目、攻克技术难题及推动科技成果转化等方面。北京大学与中国科学院合作的“新能源材料”联合研发项目，通过组建科研团队、制定详细研发计划，共同攻克了多项技术难题，为新能源产业的发展提供了有力支撑。阿里巴巴集团控股有限公司与浙江大学的“人工智能”产学研合作项目，则通过建立研发中心、配备先进设备，共同攻克了自然语言处理、图像识别等关键技术，推动了人工智能技术的创新与应用。

在市场开拓方面，校企合作体现在共同开拓新市场、推广新产品及构建营销网络等方面。海尔集团公司与青岛大学的国际市场开拓项目，依托学校的学术影响力和人脉资源，成功将项目产品打入东南亚市场。美的集团股份有限公司与广东工业大学的国内市场推广项目，则利用学校在职业教育领域的优势资源，成功推广了新款智能家居产品，提高了该产品的市场占有率和知名度。

然而，校企合作过程中也存在诸多挑战，如利益诉求差异、文化差异、技术保密和知识产权问题，以及资源投入和风险管理等。为克服这些挑战，校企双方需明确合作目标和利益诉求，加强沟通和协商，注重文化交流和互相理解，签订保密协议和知识产权协议，以及制定详细的资源投入计划和风险管理策略。

这些案例对其他校企合作项目具有重要的借鉴意义。首先，明确合作目标和利益诉求是合作成功的基础。其次，加强沟通和协商有助于解决合作过程中的分歧和矛盾。再次，注重文化交流和互相理解能够减少文化差异和沟通障碍对合作项目的影响。此外，加强技术保密和知识产权保护是确保合作成果得到有效保护的关键。最后，合理投入资源和管理风险是确保合作项目顺利进行和预期目标实现的重要保障。

5.3 面临的挑战与对策

在绿色建筑节能领域，产教融合作为一种具有前瞻性的教育与产业发展模式，正逐步成为驱动行业革新的核心动力。该模式通过无缝融合教育资源与产业实践，旨在培育兼具深厚理论知识与丰富实践经验的高素质人才，以应对全球气候变化、资源枯竭等挑战，并引领建筑行业的绿色转型。然而，绿色建筑节能产教融合的实践之路并非一帆风顺，而是充满了挑战。深入剖析这些挑战，并提出针对性的对策，对于确保这一模式的持续健康发展至关重要。

5.3.1 绿色建筑节能产教融合面临的挑战

绿色建筑节能产教融合实践尽管取得了诸多成就，但仍面临一系列挑战。这些挑战不仅关乎资金、人才、技术等方面，还涉及合作机制、市场需求等深层次问题。以下是对这些挑战的深度剖析。

资金筹措难题是绿色建筑节能技术研发与推广过程中的一大障碍。绿色建筑节能技术的研发周期长、投入大，且初期经济回报相对较低，这使许多企业和学校在涉足该领域时面临资金短缺的问题。例如，清华大学在推进校园建筑能效提升项目时，就因资金不足而难以采购最新的节能材料，导致项目进展受阻。这种资金困境不仅限制了技术创新的步伐，也阻碍了绿色建筑节能技术的广泛应用。

师资力量匮乏是另一个亟待解决的问题。绿色建筑节能领域涉及多学科知识，对教师的专业性和实践性要求较高。然而，目前无论是学校还是企业，都普遍缺乏具备深厚专业知识和丰富实践经验的教师或专家。这容易导致教学内容与市场实际需求脱节，学生难以将所学知识直接应用于实际工作。以某建筑科技公司为例，其因专业人才匮乏而在技术推广和市场开拓方面显得力不从心，影响了企业的市场竞争力。

技术更新迅猛也给学校和企业带来了挑战。绿色建筑节能技术领域发展迅速，新技术、新材料不断涌现，但学校的教学内容往往难以迅速跟上技术发展的步伐，导致学生所学知识很快过时。企业也需要不断投入资金进行设备更新和员工培训，以适应市场变化。这种技术迭代的速度让学校和企业都感到压力巨大。

合作机制不健全是制约绿色建筑节能产教融合的重要因素。学校与企业之间的合作需要建立在稳固且高效的合作机制之上，但现实中往往存在沟通不畅、利益分配不明确等问题。这导致双方在合作过程中容易产生分歧和矛盾，影响项目的顺利进行。例如，有的学校与企业合作研发绿色建筑节能涂料时，就因沟通不畅和利益分配问题而陷入僵局。

市场需求的不确定性给绿色建筑节能产教融合带来了风险。政策环境的变动、经济发展水平的起伏以及消费者意识的转变都可能影响市场需求的变化。例如，某绿色建筑节能产品因政策调整导致市场需求急剧下降，企业面临严重的亏损风险。这种市场需求的不确定性使学校和企业在进行技术研发与市场推广时更加谨慎、保守。

5.3.2 绿色建筑节能产教融合的对策

绿色建筑节能产教融合实践面对资金短缺、师资力量不足、技术更新迅速、合作机制不健全以及市场需求不确定等多重挑战，需要采取一系列对策来推动实践的深入发展。

第一，拓宽资金筹措渠道是缓解资金短缺问题的关键。政府应加大对绿色建筑节能技术的扶持力度，提供财政补贴、税收优惠政策，并设立专项基金支持关键技术研发和示范项目推广。同时，学校和企业应积极寻求与社会资本的合作，通过共建研发平台、联合申请科研项目等方式，争取更多科研经费。此外，建立绿色建筑节能产业基金，吸引社会资本投入，形成多元化的资金筹措机制，可以为技术研发和推广提供持续稳定的资金来源。

第二，加强师资力量建设是提升教学质量和技术研发能力的基础。学校应制定具有吸引力的政策，引进国内外具备绿色建筑节能专业知识和丰富实践经验的优秀教师，并加强对现有教师的培养和支持。同时，深化学校与企业之间的合作，建立绿色建筑节能师资培训基地，定期举办培训活动，提升教师的专业素养和实践能力。此外，推动学校与企业之间的师资交流，实现优势互补、资源共享，共同培养高素质、专业化的师资队伍。

第三，建立技术更新机制是紧跟时代步伐、推动研发与教学同步升级的重要举措。学校应密切关注绿色建筑节能技术的最新进展，邀请行业专家举办讲座，鼓励教师参与国际学术会议，并建立绿色建筑节能技术信息库，为师生提供及时、准确的技术动态信息。企业应加强与科研机构的合作，设立联合研发中心，探索新技术、新材料、新工艺的应用。学校与企业应共同推动技术合作项目，共同申报科研项目，加速技术成果的转化与应用。举办技术论坛、研讨会等活动，也有助于促进技术交流与合作，激发新的灵感与创意。

第四，完善合作机制是确保学校与企业之间合作顺畅进行的重要保障。制定绿色建筑节能产教融合合作规范，明确双方的权利与义务，有利于加强沟通与协作。明确利益分配机制，确保合作成果的公平合理分配，可以激发双方的合作积极性。建立合作监督机制，定期对合作项目的进展情况进行评估与反馈，可以及时发现问题并予以解决，进而确保合作关系的稳定和项目的成功实施。

第五，把握市场需求动态是提升竞争力的关键。学校应强化与行业协会、咨询机构等权威组织的合作，以获取最新的政策动态和市场分析，并建立绿色建筑节能市场需求数据库，定期发布市场需求报告。学校与企业应共同开展市场调研，了解用户的真实需求，还应建立市场需求反馈机制和开展用户满意度调查，以便及时了解市场需求的变化和用户的反馈意见，为产品的持续改进和优化提供有力支持。

综上所述，通过拓宽资金筹措渠道、加强师资力量建设、建立技术更新机制、完善合作机制以及把握市场需求动态等对策，可以有效应对绿色建筑节能产教融合实践中面临的挑战，推动绿色建筑节能技术的研发与推广，为建筑行业的绿色转型与可持续发展贡献力量。

5.4 未来展望与发展规划

在绿色建筑节能产教融合实践中，我们已初步构建起教育与产业相互促进、共同发展的良好格局。然而，面对全球气候变化、资源约束加剧以及技术快速迭代的复杂环境，如何持续推动绿色建筑节能领域的产教融合，实现更高质量、更有效率、更加公平、可持续的发展，成为我们必须深入思考和积极应对的重大课题。本节将结合全球绿色建筑节能领域的发展趋势和我国实际情况，预测未来发展方向，制定发展规划，以期为绿色建筑节能产教融合的长远发展提供指引。

5.4.1 发展趋势预测

随着科技的飞速进步和全球对可持续发展的重视，绿色建筑节能领域正迎来前所未有的发展机遇。智能化、数字化技术的深度融入，绿色建筑材料的创新性发展，消费者认知的提升与政府政策的支持，以及绿色建筑节能技术的国际化趋势，等等，共同推动着这一领域的蓬勃发展。

智能化、数字化技术在绿色建筑节能领域发挥着重要作用。通过计算机辅助设计和建筑信息模型技术，设计师能够更精确地进行建筑环境性能模拟，优化设计方案。数字化建造技术有利于提升施工效率和准确性，降低能耗和材料浪费。智能化运营系统能实时监测建筑能耗和环境质量，确保建筑高效运行。这些技术的广泛应用，能够为绿色建筑节能提供全新的解决方案。

绿色建筑材料的创新性发展是推动绿色建筑节能事业进步的关键。低碳材料、可再生材料和智能材料的研发与应用，为绿色建筑提供了更加环保、高效的物质基础。这些新型材料不仅具有优异的性能，还能满足绿色建筑对节能、环保的要求，推动绿色建筑向更高水平发展。

消费者认知的提升和政府政策的支持是绿色建筑节能市场发展的强大动力。随着公众环保意识的增强，越来越多的消费者开始关注绿色建筑和节能产品，并愿意为环保、节能的建筑花费更多。同时，政府通过制定优惠政策、提供资金支持、加强监管等措施，引导市场向绿色建筑方向发展。

绿色建筑节能技术的国际化趋势日益明显。国际技术标准的统一、跨国技术合作与转移以及国际绿色建筑市场的开拓，将促进全球绿色建筑节能技术的创新性发展。各国之间的技术交流与合作有助于推动绿色建筑节能事业的进步。

绿色建筑节能与智慧城市的融合将成为未来发展的重要方向。通过智慧能源系统、智慧交通系统和智慧社区建设，绿色建筑将为智慧城市的建设提供有力支撑。这种融合将有助于提高城市的能效和舒适度，推动城市的可持续发展。

最后，绿色建筑节能教育的普及对于推动整个领域的发展至关重要。通过加强教育体系建设、推广绿色建筑节能理念以及加强国际合作与交流，可以培养出更多具备绿色建筑节能知识和技能的专业人才，为绿色建筑节能事业的发展提供有力的人才保障。

5.4.2 发展规划制定

实践中心在绿色建筑节能领域的发展蓝图已徐徐展开。通过一系列战略举措，实践中心将引领行业迈向更加高效、环保、可持续的新纪元。

技术创新被视为推动绿色建筑节能事业发展的核心引擎。实践中心致力于构建一个集技术研发、成果转化、产业应用于一体的创新平台。通过持续加大科研投入，重点攻克高效节能系统、智能建筑材料、可再生能源利用等技术难题，实践中心力求在绿色建筑节能技术领域取得突破性进展。同时，实践中心还积极与国际顶尖科研机构和企业开展合作，引进国际先进技术和管理经验，推动绿色建筑节能技术的国际化进程。为了加速科技成果的转化与应用，实践中心将建立紧密的产学研用合作机制，促进科研成果从实验室走向市场，实现技术创新与产业发展的深度融合。

在人才培养方面，实践中心将构建一套完善的人才培养体系，以培养具有国际视野、创新精神和实践能力的高素质人才。通过优化课程设置、强化实践教学、拓宽国际交流渠道等举措，实践中心将为学生提供全方位、多层次的学习和发展机会。同时，实践中心还将积极引进国内外顶尖专家，建立一支高水平的师资队伍，为学生提供优质的教学和指导。此外，实践中心还将设立奖学金、提供实习机会等，以吸引更多优秀人才投身绿色建筑节能事业。

标准制定与认证是确保绿色建筑节能行业规范发展的关键。实践中心将积极参与国内外绿色建筑节能标准的制定与修订工作，通过贡献自身的研究成果和实践经验，提升我国在这一领域的国际影响力。同时，实践中心还将开展绿色建筑节能产品与项目的认证服务，通过严格的测试和评估，确保这些产品和项目符合相关标准的要求，从而提升其在市场上的认可度和竞争力。此外，实践中心还将加强与国际标准化组织的紧密合作，推动国内外标准的互认与对接。

国际合作与交流是推动绿色建筑节能事业发展的重要途径。实践中心将积极搭建国际合作交流平台，通过举办国际会议、研讨会、联合研究等多种形式的活动，促进国内外学者对绿色建筑节能技术与经验的互鉴共享。同时，实践中心还将与国际知名的绿色建筑节能机构建立紧密的合作关系，共同开展技术转移、人才培养等项目。通过资源共享、优势互补，实践中心将推动绿色建筑节能技术的国际传播与应用，提升我国在全球绿色建筑节能领域的地位和影响力。

示范项目推广是普及绿色建筑节能理念、展现节能效果的重要手段。实践中心将致力于打造一批具有国际先进水平的绿色建筑节能示范项目。这些项目不仅要在设计上体现绿色建筑的理念，还要在实际运行中展现出显著的节能效果。通过举办开放日、交流会等活动，实践中心将向公众展示这些示范项目的成果与经验，有效推动绿色建筑理念的广泛传播为其他地区的绿色建筑节能项目提供可借鉴的范例。

为了确保上述发展规划的顺利实施，实践中心将采取一系列保障措施。首先，实践中心将优化组织架构和团队建设，明确各部门职责分工，提升团队凝聚力和执行力。其次，实践中心将加大资金投入和财务管理力度，确保各项工作的顺利开展和资金的有效使用。再次，实践中心将加强信息化建设和数据管理能力，提升工作效率和信息共享水平。最后，实践中心将建立健全风险评估与应对机制，及时识别和化解潜在风险，确保发展规划的稳健实施。

在未来的发展中，实践中心将秉持开放、合作、创新的精神，与国内外同行携手共进，共同推动绿色建筑节能事业的蓬勃发展。

5.4.3 可持续发展策略

在绿色建筑节能领域，产教融合是推动技术创新与应用的关键路径，对于实现可持续发展目标具有重要意义。实践中心将采取一系列综合性策略，以推动绿色建筑节能产教融合的可持续发展。

首先，建立长效合作机制是确保绿色建筑节能领域持续进步的基础。政府、企业与学校应形成紧密的三方联动，通过政策激励、信息共享与项目合作,促进产学研用深度融合。政府应出台一系列支持政策，如提供科研经费补贴、税收优惠及项目资助等，降低合作门槛，激发社会各界的参与热情。其次，构建绿色建筑节能产教融合信息平台，定期举办交流会、研讨会等活动，有助于促进信息开放共享与资源精准对接。最后，鼓励学校与企业联合申报重大科技项目，以实际工程项目为合作基石，深化理解，增进互信。

行业协会与专业组织在推动产学研合作中发挥桥梁作用。行业协会应制定并执行行业标准，规范市场秩序，为会员单位提供公平竞争环境。通过组织技术培训、展览展示等活动，可以加强行业内的技术交流与合作，推动技术创新与应用。专业组织则应成为连接学术研究与产业实践的桥梁。通过高端论坛等形式，邀请国内外专家进行学术交流，可以提升行业理论水平与实践能力。

推动产学研深度融合是激发绿色建筑节能领域创新活力的关键。学校与企业应共建研发平台，共享科研设施，联合开展前沿技术研究。企业应推行“揭榜挂帅”机制，针对行业共性技术难题，公开发布榜单，吸引科研团队进行深度合作，共同攻克技术难关。建立绿色建筑节能技术成果转化基地，加速科技成果从实验室到市场的转化，形成一批具有自主知识产权的核心技术和产品。通过绿色建筑节能示范项目，如近零能耗建筑、绿色校园、智慧社区等，验证技术效果，树立行业标杆，引领绿色建筑节能领域发展方向。

加强人才培养与引进是构建绿色建筑节能领域人才高地的核心。优化高等教育结构，增设绿色建筑节能相关专业，有助于培养高层次专业人才。加强职业教育与培训，针对行业一线需求，开设技能提升班、工匠班等，有助于提升从业人员的专业技能。推行国际化人才引进与交流政策，吸引海外杰出专家学者来华工作，同时鼓励国内学者赴海外学习深造，拓宽国际视野。建立终身学习机制，提供在线课程、远程培训等学习资源，满足从业人员终身学习需求。定期举办行业技能大赛与创新大赛，激发人才创新创造活力。

注重环境保护和社会责任是实现绿色建筑节能领域可持续发展的关键。在项目规划、设计、施工及运营中，要严格遵循环保标准，采用低碳环保材料，推广使用可再生能源，以提高建筑能效。将社会责任教育融入课程体系，强化学生的环保意识，培养学生社会责任感。鼓励学生参与社区服务及公益项目，如绿色建筑科普宣传、老旧建筑绿色改造等。建立可持续发展评估体系，这一体系应涵盖对环境效益、经济效益和社会效益的评估。推广绿色建筑认证制度，提升项目整体品质与市场竞争力。

通过实施上述策略，实践中心将推动绿色建筑节能产教融合的深入发展，构建一个充满活力、开放合作、持续创新的生态体系。这将为我国绿色建筑节能事业的持续健康发展提供有力支撑，为实现全球可持续发展目标贡献中国智慧与中国力量。

第六章

绿色建筑节能技术前沿与产教融合创新路径

在当今全球气候变化与资源约束日益严峻的情况下，绿色建筑节能作为实现可持续发展目标的关键策略，正经历技术革新与教育模式转型的双重飞跃。

绿色建筑节能技术前沿的探索，涵盖新型节能材料与技术、可再生能源集成应用以及数字化与智能化技术三个方面。高性能保温隔热材料、相变储能材料等新型材料，以及智能建筑控制系统的广泛应用，不仅显著提升了建筑能效，还促进了环保理念的实践。太阳能、风能、地热能等可再生能源的高效利用，实现了建筑能源自给率的飞跃，降低了能耗与环境污染。BIM 技术、物联网技术、大数据技术、人工智能技术等数字化与智能化技术的集成应用，为绿色建筑节能的精细化管理与智能化发展开辟了新路径。

面对这一技术革新浪潮，学校与企业的深度融合显得尤为关键。通过课程体系与教学内容的创新，强调跨学科融合、实践能力，有助于提升学生的综合素质与创新能力。实践教学模式的改革，如加强校企合作、建立校外实训基地、开展项目式学习，为学生提供了更多接触实际工程、参与技术创新的机会。建立科研合作与成果转化机制，通过搭建产学研合作平台、加大科技成果转化力度，推动了技术创新与产业升级。在此基础上，要构建多元化、层次化的创新人才培养体系，强调创新能力、实践能力和跨学科素养的培养，同时要加强创新创业教育，为学生提供全方位的创新创业支持与服务。

综上可知，绿色建筑节能技术前沿的探索与产教融合创新路径的研究，是推动建筑行业可持续发展、培养适应未来需求的高素质人才、促进社会整体进步的重要力量。

6.1 绿色建筑节能技术前沿探索

在当今全球能源危机与环境污染问题日益凸显的背景下，绿色建筑节能技术作为缓解资源压力、促进可持续发展的重要手段，正受到前所未有的重视。绿色建筑不仅关乎建筑本身的能效提升，还是连接人与自然、推动社会绿色转型的桥梁。

从新型节能材料与技术到可再生能源的集成应用，再到数字化与智能化技术，绿色建筑节能技术的每一次革新都蕴含着巨大的节能潜力与环境效益。高性能保温隔热材料、相变储能材料等新型材料的应用，为建筑提供了更为高效的保温隔热性能；太阳能、风能、地热能等可再生能源的集成利用，实现了建筑能源的自给自足与低碳排放；BIM、物联网、大数据、人工智能等数字化与智能化技术的引入，更是为绿色建筑节能的精细化管理与智能化运维开辟了新路径。本节将通过对这些技术前沿的深入剖析，展示绿色建筑节能技术的最新进展与应用实例，为行业同人提供参考。

6.1.1 新型节能材料与技术

在绿色建筑节能领域，新型节能材料与技术正推动着行业以前所未有的速度发展。这些创新性的材料与技术的使用，不仅提高了建筑的能效，降低了环境负荷，还为人们创造了更加舒适、节能的居住环境。

高性能保温隔热材料是绿色建筑节能的重要组成部分。这些材料通过优化热传导性能，减少建筑内外热量交换，实现节能降耗。岩棉板、聚氨酯泡沫板等高性能保温隔热材料在外墙、屋顶、地面等建筑围护结构中的广泛应用，显著提高了建筑的保温隔热性能，降低了采暖与制冷能耗。同时，这些材料大多采用可再生或回收原料生产，体现了环保与可持续发展理念。

相变储能材料则利用物质相变过程来储存和释放能量，能够调节室内温度，提高建筑的热舒适性和能效。相变墙、相变地板、相变屋顶等创新建筑构件的应用，使建筑能够在不同季节和时间段内保持适宜的温度。这既节省了能源，又提升了居住的舒适度。此外，相变储能材料通常具有较长的使用寿命，这有利于降低建筑的维护成本。

智能建筑控制系统作为现代建筑管理的核心，通过集成现代信息技术、自动化控制技术和建筑技术，实现了对建筑内各种设备的智能控制和管理。智能照明系统、智能空调系统、智能窗帘系统等智能建筑系统的应用，不仅提高了建筑的能效，还为用户提供了更加便捷、舒适的生活体验。这些系统能够根据室内外环境参数和用户需求，自动调节设备的运行状态，实现节能降耗。

除了上述几种代表性材料与技术，真空绝热板、气凝胶材料、太阳能光伏建筑一体化技术以及地源热泵技术等新型节能材料与技术也在绿色建筑节能领域发挥着重要作用。真空绝热板以其极低的导热系数，展现了卓越的保温隔热性能；气凝胶材料以其超低密度和超高孔隙率，展现了优异的保温隔热和隔音性能；太阳能光伏建筑一体化技术将太阳能光伏系统与建筑结构融为一体，为建筑提供了绿色能源；地源热泵技术则通过利用地下土壤或水体的热能进行供暖和制冷，实现了对室内温度的精准调节。

展望未来，新型节能材料与技术将呈现出多元化、智能化、环保可持续、高效化以及标准化与规范化的发展趋势。多元化发展将推动不同材料和技术之间的跨界融合，共创建筑节能新生态；智能化发展将借助信息技术赋能，打造智慧建筑新范式；环保可持续发展将引领建筑业绿色转型，采用可再生或可回收材料制成的建筑材料将成为主流；高效化发展将追求极致节能效果，通过性能优化和结构设计创新，提高建筑的能效和舒适度；标准化与规范化发展将确保新型节能材料与技术的质量和性能符合相关要求，推动行业健康发展。

在创新驱动、市场导向、国际合作和政策引导等多重因素的推动下，新型节能材料与技术将迎来更加广阔的发展空间。科研机构和企业将加大研发投入，推动关键技术的突破和创新成果的转化；市场需求将不断增长，这会促进新型节能材料与技术的普及和应用；国际合作将加强资源共享和优势互补，这会推动全球绿色建筑和节能技术的发展；政策引导将提供法规支持和财政补贴等保障措施，构建良好的发展环境。

综上所述，新型节能材料与技术作为绿色建筑节能领域的重要组成部分，正以其独特的性能和广泛的应用潜力，为建筑节能领域的发展注入新的活力。随着技术的不断进步和应用的日益广泛，相信这些材料与技术将在建筑节能领域发挥更加重要的作用，为我们的生活带来更多的便利。

6.1.2 可再生能源集成应用

在绿色建筑的设计与实践中，可再生能源的集成应用已成为提升建筑能效、实现可持续发展的重要途径。太阳能、风能、地热能等可再生能源，以其清洁、高效、可再生的特性，正逐步成为绿色建筑中不可或缺的能源来源。

太阳能已在绿色建筑中得到了广泛应用。光伏发电系统通过太阳能电池板将太阳光直接转化为电能，为建筑提供清洁、可靠的电力供应。屋顶光伏、幕墙光伏、地面光伏等多种安装形式，使太阳能的利用更加灵活多样。随着光伏技术的不断进步，高效光伏电池、智能跟踪系统、光伏建筑一体化（Building Integrated Photovoltaic，BIPV）设计以及储能技术的集成应用，将进一步提高光伏发电系统的效率和可靠性，降低建筑对传统能源的依赖，提升建筑的能源自给率。

风能作为另一种重要的可再生能源，在绿色建筑中也展现出巨大的应用潜力。风力发电系统利用风力驱动发电机产生电能，为建筑提供额外的电力支持。风力驱动发电机可置于高层建筑顶部和其他开阔地带。小型风力发电机的应用也使风能的利用更加便捷高效。高效风力发电机、智能电网、储能系统以及智能控制系统的不断发展，使风力发电系统的效率和稳定性得到了显著提升，也为绿色建筑提供了更加稳定可靠的能源供应。

地热能作为地球内部蕴藏的巨大能源，可通过地源热泵系统应用于绿色建筑中，实现对室内温度的高效调控。地源热泵系统利用地下土壤或水体的恒温特性，通过热泵机组将地下热能转化为建筑所需的供暖和制冷能源。这种方式不仅高效、稳定，还避免了传统供暖和制冷方式中因燃烧化石燃料而产生的碳排放和环境污染。随着高效换热器、智能控制系统以及与其他可再生能源系统集成的不断发展，地源热泵系统在绿色建筑中的应用前景更加广阔。

可再生能源在绿色建筑中的集成应用，提高了建筑的能源自给率，降低了建筑对传统能源的依赖，显著降低了建筑的能耗和碳排放量。通过协同利用太阳能、风能、地热能等可再生能源，绿色建筑实现了能源利用的多元化，提高了能源利用效率，降低了运营成本。在可再生能源集成应用的过程中，我们还应关注其经济性和环保性。虽然可再生能源系统的初始投资可能较高，但长期来看，其节省的能源成本和减少的碳排放将带来显著的经济效益与环境效益。

综上所述，可再生能源在绿色建筑中的集成应用是推动建筑能效提升和可持续发展的重要途径。通过协同利用可再生能源，我们可以实现建筑能源的高效利用和环境保护的双重目标。随着技术的不断进步和应用的日益广泛，相信可再生能源将在绿色建筑领域发挥更加重要的作用，为我们的生活带来更多便利。

6.1.3 数字化与智能化技术

在绿色建筑节能领域，数字化与智能化技术正成为推动行业创新性发展的重要力量。BIM 技术、物联网技术、大数据技术、人工智能技术等前沿技术，为绿色建筑的设计、建造、运维及能源管理带来了革命性的变革，显著提升了建筑的能效水平，降低了建筑的能耗，并优化了人们的居住体验。

BIM 技术作为建筑信息模型的核心，通过构建包含建筑全生命周期信息的三维模型，为绿色建筑节能提供全面、精准的数据支持。在设计阶段，BIM 技术能够模拟不同设计方案下的能耗情况，帮助设计师优化建筑朝向、窗户布局、遮阳策略等，从而最大化利用自然光照，减少能耗。在施工阶段，BIM 技术通过提供高精度的 3D 模型，帮助施工人员减少误差和浪费，提高施工效率。在运维阶段，BIM 技术通过集成运维平台，实时监测建筑的能耗和室内环境质量数据，为能源管理和室内环境优化提供精准的数据支持。

物联网技术通过其强大的数据连接与分析能力，将建筑内的各类设备与系统紧密相连，形成一个高度智能化的网络体系。在智能照明系统中，通过物联网技术能够根据环境变化和人员需求自动调节照明亮度和颜色，避免能源浪费。在智能空调系统中，通过物联网技术能够实时监测室内外温度、湿度等参数，自动调节空调的运行状态，实现节能降耗。此外，物联网技术还能与太阳能光伏板、地源热泵等可再生能源系统相结合，实现能源的智能化管理。

大数据技术通过对海量建筑运行数据的深度挖掘与精细分析，可以为建筑提供精准的优化建议。能耗定额全过程量化管理解决方案是大数据技术在绿色建筑节能领域的典型应用。通过整合多源信息，构建精准的能耗预测和管理体系，可以为建筑提供科学的能耗预算建议和实时的能耗调整建议，确保建筑的能耗始终保持在合理水平。

人工智能技术以其卓越的计算能力、深度学习及自我优化的特性，为建筑提供了更加智能化、精准化的解决方案。在智能能源管理系统中，人工智能技术能够根据建筑的实际运行情况，自动调整能源分配策略，确保建筑的能源使用始终保持在最优状态。人工智能技术还能通过预测算法提前调节室内温度、湿度等环境参数，提高居住舒适度。在设备故障预测和维护时，人工智能技术能够实时监测设备的运行状态和性能参数，提前发现潜在故障，避免设备故障对能耗和室内环境的影响。

数字化与智能化技术的融合应用，不仅提高了绿色建筑的能效水平，还优化了运维管理，促进了可再生能源的利用，提升了居住体验。然而，这些技术的应用也面临初始投资成本高、技术复杂性强、数据安全和隐私保护等挑战。为了推动这些技术的广泛应用，政府应出台相关政策，鼓励和支持技术的研发与应用，同时加强技术的宣传和培训，提高建筑行业对相关技术的认识，加强建筑行业人才对相关技术的应用能力。此外，还应建立健全数据保护机制，确保数据的安全性和可靠性。

通过不断创新和优化，数字化与智能化技术将为绿色建筑节能提供更加精准、高效、可持续的解决方案，助力建筑行业实现绿色、低碳、可持续的发展目标。随着技术的不断进步和成本的逐渐降低，数字化与智能化技术将在绿色建筑节能领域发挥更加重要的作用。我们可以期待这些技术推动绿色建筑向更加智能化、高效化、可持续化的方向发展。

6.2 产教融合创新路径研究

在绿色建筑节能领域，产教融合作为一种有效的教育模式，不仅能够促进教育质量的提升，还能加速科技成果的转化与应用。本节将深入探讨课程体系与教学内容创新、实践教学模式改革以及科研合作与成果转化机制三个方面的内容，以期构建一套适应绿色建筑节能技术发展的产教融合创新路径。

6.2.1 课程体系与教学内容创新

绿色建筑节能技术作为推动可持续发展的重要力量，其教育体系的创新显得尤为关键。传统的建筑教育体系往往侧重单一学科知识的传授，忽视了跨学科融合与实践能力的培养，这已难以满足当前行业对复合型、创新型人才的需求。因此，结合绿色建筑节能技术的前沿动态，对课程体系与教学内容进行创新，成为提升教育质量、适应行业发展的必然选择。

第一，跨学科融合是构建综合性课程体系的核心。绿色建筑节能技术涉及建筑学、环境科学、能源技术、信息技术等多个学科领域，因此，未来的专业人才需要具备宽广的跨学科视野和强大的综合能力。通过整合课程模块，如“绿色建筑设计与环境影响评估”“智能建筑与能源管理系统”等，可以打破学科壁垒，促进学生对多学科知识的融合与创新。同时，组织跨学科团队项目，如“绿色校园规划与设计”“零能耗建筑设计挑战”等，可以让学生在合作中深化理解，提升跨学科应用能力。此外，实施双导师制度，为每位学生配备本专业导师和跨学科导师，通过两位导师的联合指导，深化学生的跨学科思维。

第二，理论与实践相结合是强化实践教学环节的关键。在绿色建筑节能技术的学习中，学生不仅需要积累深厚的理论基础，还需要将知识应用于实际。通过建立和完善实验室与实训基地，如节能材料测试实验室、智能建筑控制系统模拟室等，可以为学生搭建从理论到实践的桥梁。同时，设置多层次的课程设计与案例分析，让学生在实践中学习，在学习中成长。此外，定期邀请行业专家进校园举办讲座，引进外部智慧，促进学术交流，也是提升学生实践能力的重要途径。

第三，引入最新科研成果和技术进展是保持教学内容前沿性的重要手段。绿色建筑节能技术日新月异，新的科研成果和技术层出不穷。通过定期修订教材和课程内容，引入国内外最新的研究成果和技术进展，可以确保学生掌握前沿信息。同时，利用在线资源和开放课程，可以拓宽学生获取知识的渠道，增强学生的自主学习能力。此外，鼓励教师与学生参与科研项目，促进科研成果向教学实践转化，是保持教学内容前沿性的有效途径。

第四，提升综合素质和创新能力是培养未来行业领袖的关键。绿色建筑节能领域的未来领袖不仅需要有深厚的专业知识，还需具备较高的综合素质和卓越的创新能力。通过融入沟通技巧、团队协作、领导力等软技能课程，可以提升学生的综合素质。通过批判性思维训练，可以培养学生的独立思考能力和创新能力。采用项目式学习、翻转课堂等创新教学方法，有助于激发学生主动学习的兴趣。

第五，实施策略与保障措施是确保教育创新方向有效落实的基石。为了推动绿色建筑节能教育的创新性发展，需要制定一系列周密的策略与保障措施。这包括加强师资队伍建设，提升教师的专业素养和教学能力；加大教学资源投入，构建完善的教学体系；深化校企合作机制，为学生提供更多的实践机会和就业渠道；争取政策支持与激励，为教育创新提供动力与保障。

综上所述，绿色建筑节能技术的快速发展要求我们对传统的课程体系和教学内容进行深刻的改革与创新。通过跨学科融合、理论与实践相结合、引入最新科研成果、提升综合素质和创新能力等多方面的努力，可以培养出既具备扎实专业知识，又拥有宽广视野、创新思维和良好综合素质的未来行业领袖。这些人才将为绿色建筑节能事业的持续发展贡献力量。

6.2.2 实践教学模式改革

实践教学模式的革新对于培养高素质、复合型人才具有至关重要的作用。特别是在绿色建筑节能这一快速发展的领域，传统的实践教学模式已难以满足行业对人才的需求。因此，有必要对现有的实践教学模式进行全面的改革，以培养出既具备扎实理论基础，又拥有丰富实践经验，且具备创新思维和解决实际问题能力的高素质人才。

首先，加强校企合作，构建产教融合新生态，是改革实践教学模式的重要途径。邀请企业专家与校内教师共同制订实践教学计划，可以确保教学内容既符合教育规律，又紧密贴合市场需求。例如，某大学与绿色建筑领域的领军企业合作，共同制订了包含绿色建筑节能技术基础理论、BIM 技术应用、绿色建材评估等前沿课程的实践教学计划，使学生能够在学习理论知识的同时，了解行业的前沿动态和企业的实际需求。通过提供实习实训岗位，让学生在实际工作环境中锻炼自身能力，也是校企合作的重要内容。企业中的技术骨干和管理精英还可以走进校园，以讲座、研讨会等形式与学生面对面交流，传递实践智慧，拓宽学生的视野。

其次，建立校外实训基地，拓宽实践教学渠道，也是改革实践教学模式的关键举措。通过依托行业资源，选择具有代表性的绿色建筑示范项目作为实训基地，学生可以直观感受到绿色建筑的设计理念，看到绿色建筑节能的实践成果。例如，组织学生参观上海的“世博轴”

项目，可以让他们深入了解绿色建筑节能在实际项目中的应用。同时，与科研机构和企业合作建立节能技术研发中心，可以为学生提供参与技术研发、锻炼科研能力的机会。此外，定期举办行业交流会、技术研讨会等活动，可以拓宽学生的知识面，增强他们的沟通能力和团队协作精神。

最后，开展项目式学习，激发学生创新潜能，是改革实践教学模式的又一重要方向。项目式学习以学生为中心，以项目为驱动，通过团队协作、问题探究、方案设计等环节，旨在强化学生的创新思维和实践能力。例如，在“某高校新建图书馆的绿色建筑设计与能效优化”项目中，学生需要综合运用所学知识，解决建筑能耗高、环境影响大等问题。通过团队协作，学生可以打破专业壁垒，实现跨学科融合；通过问题探究，学生可以强化批判性思维，增强创新能力；通过方案设计，学生可以将理论知识转化为实际操作，提升专业技能。项目完成后，组织学生进行成果展示和评价，可以进一步增强他们的自信心和成就感。

以某医院绿色建筑设计与能效提升项目为例，学生团队通过实地考察和数据分析，发现该医院建筑的能耗主要集中在空调系统和照明系统上。他们提出了将地源热泵系统和智能照明控制系统相结合的节能方案，不仅显著降低了医院的运营成本，还提高了患者的就医舒适度。这一项目在后续的相关竞赛中荣获一等奖，充分展示了项目式学习在培养学生创新能力方面的显著成效。

再以某商业综合体绿色建筑设计与施工管理项目为例，学生团队面临如何在保证建筑美观与功能性的同时，实现节能减排的难题。他们通过深入研究，设计了包含太阳能光伏板、风能发电装置、绿色屋顶等在内的综合节能系统，并在施工过程中严格遵循绿色建筑标准，有效降低了建筑对环境的影响。该项目不仅得到了开发商的高度认可，还为学生提供了宝贵的施工管理实践经验。

综上所述，通过加强校企合作、建立校外实训基地和开展项目式学习等改革措施，可以有效地避免传统实践教学模式的弊端，培养出既具备扎实理论基础又拥有丰富实践经验的高素质人才。这些人才将成为推动绿色建筑节能领域持续发展和创新的重要力量，为我国的可持续发展和生态文明建设贡献智慧与力量。随着教育理念的不断进步与技术的持续发展，我们期待在绿色建筑节能教育的道路上探索出更多创新的教学模式和方法，为培养更多具有创新精神和实践能力的高素质人才奠定坚实基础。

6.2.3 科研合作与成果转化机制

在绿色建筑节能领域，产学研深度融合是推动技术创新与产业升级的关键。为了构建高效、协同、可持续的产学研合作体系，我们需要从多个维度出发，采取一系列具体措施，激发创新活力，加速成果转化，提升行业竞争力。

首先，建立产学研合作平台是促进信息共享与资源互补的基础。通过定期举办学术交流会、技术研讨会和项目对接会，汇聚行业内的专家学者、企业技术人员和高校师生，共同探讨绿色建筑节能领域的热点问题和前沿技术。这些活动不仅能够激发思想火花，引领学术前沿，还有助于攻克技术难关，推动技术创新。同时，建立信息共享机制，利用现代信息技术手段发布行业动态、政策法规和技术标准，有助于各方及时了解行业发展的最新动态,促进知识的流动与创新。此外，通过资源互补，发挥学校、科研机构和企业各自的优势，共同推动绿色建筑节能领域的技术进步和产业升级。

其次，加大科技成果转化力度是激发创新活力的重要途径。为了促进科研成果的顺利转化，我们需要营造鼓励转化的政策环境，出台一系列具体而有力的政策措施，为科研人员提供资金、场地及设备支持，减轻他们在初期探索阶段的负担。同时，构建科学合理的激励机制，设立成果转让收益分配机制和科研成果奖励制度，确保科研人员在成果转让过程中获得与其贡献相匹配的收益份额，以激发他们的转化意愿和创新热情。此外，拓宽科研成果的推广渠道，通过科技成果展示会、技术交流会等形式，让科研成果更好地对接市场需求，实现其价值最大化。设立产学研合作成果转化基金，降低转化风险，提高转化成功率，为绿色建筑节能领域注入源源不断的创新活力。

最后，推动技术创新与产业升级是提升行业竞争力的核心。通过携手申报科研项目，可以集中优势资源，开展绿色建筑节能技术的研发与示范应用。共建研发机构，深化合作内涵，可以实现技术资源的共享与优势互补，提高技术研发的效率和水平。组织产学研各方开展联合技术攻关，集中力量攻克技术难题，推动技术的突破和创新。保障创新成果，建立健全知识产权保护制度和管理机制，确保各方在合作过程中的知识产权得到有效保护。制定公平合理的利益分配方案，维护产学研合作的稳定性和持续性，可以激发各方的合作热情和创新活力，促进合作共赢。

在具体实施过程中，我们可以借鉴一些成功案例的经验。例如，某地区政府联合高校、科研机构和企业共同设立了绿色建筑科技成果转化基金，成功投资了一个绿色建筑材料的研发项目。该项目利用废旧材料开发出了一种高性能的环保建材，不仅解决了环境污染问题，还创造了新的经济增长点。又如，某高校与一家建筑企业合作开展了一项绿色建筑节能技术的研发项目。双方签订了详细的知识产权保护协议，并成功开发了一种高效节能的建筑空调系统，而后获得了多项国家专利，实现了合作共赢。

综上所述，通过建立产学研合作平台、加大科技成果转化力度以及推动技术创新与产业升级等具体措施，可以有效促进绿色建筑节能领域的技术创新和产业升级。这些措施的实施不仅能够提升行业的技术水平和竞争力，还能够为社会的可持续发展和生态文明建设做出积极贡献。随着产学研合作的不断深入与发展，相信绿色建筑节能领域将迎来更加繁荣与辉煌的明天。

6.3 创新人才培养体系构建

在绿色建筑节能领域，创新人才的培养是推动技术进步和产业升级的关键。高效、全面的创新人才培养体系，应涵盖人才培养目标定位、多元化人才培养路径以及创新创业教育与支持体系。

6.3.1 人才培养目标定位

在绿色建筑节能这一充满挑战与机遇的领域，明确并细化创新人才的培养目标，是构筑高效、前瞻性人才培养体系的先决条件。我们的愿景是通过精心设计的教育路径，培育出不仅深谙专业知识，而且具备卓越创新能力、坚实实践能力以及广泛跨学科视野的高素质人才，以期精准对接行业发展需求，引领技术进步。

创新能力是推动绿色建筑节能领域革新与可持续发展的核心动力。因此，在人才培养体系中，创新能力被置于核心地位。在课程设计上，要打破传统框架，引入前沿科技讲座、创新思维工作坊、经典案例分析等多元化内容，以拓宽学生的知识边界，激发其探索未知的热情。例如，开设“绿色建筑创新设计策略”“智能能源管理系统”等前沿课程，结合最新科研成果，让学生在理论学习中触摸未来的脉搏。

实践探索环节同样不可或缺。完善的实践教学体系应包括先进的实验室设施、模拟软件、实地考察与项目实训等，以便为学生提供从理论到实践的桥梁。通过组织设计大赛、创新挑战赛等活动，鼓励学生将创意转化为现实产品，体验创新的乐趣与挑战。此外，鼓励学生积极参与导师的科研项目，尤其是与绿色建筑节能紧密相关的前沿研究。通过深度参与项目申报、数据收集、实验设计、成果发表等过程，学生更容易掌握科研方法论，磨砺批判性思维，进而为未来的独立研究或创新工作奠定坚实基础。

绿色建筑节能领域的实践性要求人才培养必须紧密贴合行业实际，以确保学生能够将所学知识有效转化为解决实际问题的能力。因此，要通过多样化的实践途径，提升学生的实战经验和动手能力。与行业领先企业、研究机构建立深度合作关系，为学生提供丰富的实习机会，让学生在实践中快速成长。同时，鼓励师生团队与企业开展深度合作，共同承担绿色建筑节能领域的具体项目，使学生在解决实际问题的过程中深化对专业知识的理解，学习项目管理、团队协作等职业技能，为职业生涯奠定坚实基础。此外，应构建产学研深度融合的创新平台，促进知识向生产力的转化。通过与企业共建研发中心、实验室或共同承担科研项目，使学生有机会直接参与技术创新和产品开发的前沿工作，可以增强其将科研成果转化为实际应用的能力。

绿色建筑节能领域的复杂性和综合性要求人才必须具备跨学科的知识背景和综合素养。为此，人才培养要特别注重跨学科教育，注重培养学生综合运用多学科知识解决问题的能力。通过设计跨学科的课程体系，如“绿色建筑与环境科学交叉研究”“能源经济与政策分析”等，邀请不同学科的专家授课，可以拓宽学生视野。实施跨学科教学模式，组织跨学科研讨会、工作坊和学术论坛，鼓励学生跨学科组队完成项目作业和科研任务，有助于促进不同专业背景学生之间的交流与合作，培养团队协作精神和跨学科整合能力。加强国际合作与交流，为学生提供海外学习、访学和交流的机会，特别是参与国际绿色建筑节能领域的学术会议、研究项目和竞赛的机会，有助于提升学生的跨文化沟通能力和合作能力，培养具有国际视野的复合型人才。

为了确保所培养的人才能够精准对接行业发展的需求，紧跟技术进步的步伐，应依据当前及未来可预见的行业趋势，制定详细而全面的人才培养标准和要求。在知识技能方面，要求学生掌握绿色建筑节能领域的基础理论、核心技术和最新标准，包括建筑设计原理、能源高效利用技术、可再生能源应用、智能建筑系统等，并强调信息技术的应用能力，如 BIM 技术、大数据分析技术、人工智能技术等，以适应行业数字化转型的需求。在实践能力方面，要明确学生在毕业前应达到的实践能力水平，包括完成至少一次绿色建筑项目的全过程参与，熟练掌握至少一种节能技术的实际应用，并具备一定的项目管理经验和团队协作能力。在创新思维方面，鼓励学生积极参与创新活动，要求学生在学习期间至少参与一项创新项目或竞赛，以展现良好的创新思维和解决问题的能力。同时，强调职业道德和社会责任感的培养，要求学生了解并遵守行业规范，具备良好的职业操守和道德品质。

综上所述，通过明确绿色建筑节能领域创新人才的培养目标，并围绕创新能力、实践能力、跨学科素养以及行业需求和技术发展趋势制定具体而全面的人才培养策略，有利于为社会输送一批既具有深厚专业功底，又具备广阔视野和高度责任感的高素质人才。这些未来精英将在绿色建筑节能领域发挥引领作用，推动行业的持续发展和技术创新，为构建更加绿色、可持续的未来贡献力量。

6.3.2 多元化人才培养路径

绿色建筑节能领域的快速发展对人才的需求日益多元化与高层次化。为了适应这一变化，构建一条涵盖多层次、多类型教育形式的多元化人才培养路径显得尤为重要。这条路径不仅应涵盖职业专科教育、职业本科教育、普通本科教育、研究生教育以及继续教育，还应注重个性化培养和差异化发展，以满足不同学生的需求和兴趣。

职业专科教育是绿色建筑节能领域人才培养的基石。它侧重于培养学生的实际操作能力，一般围绕行业需求，设置建筑节能技术、绿色建材应用等核心课程，并通过校内实验室、实训基地以及校外合作企业的实习，让学生亲自体验技术的实际应用。职业专科教育积极探索产教融合、校企合作的模式，以实现教育链与产业链的有效衔接，促进学生技能与岗位需求的无缝对接。职业专科教育还应注重培养学生的职业素养和创新能力，如通过开设职业道德、团队协作等课程，以及组织技能竞赛、创新创业活动，激发学生的创新潜能。

职业本科教育在职业专科教育的基础上，进一步深化学生的专业知识，提升其综合素质和职业能力。相关课程体系注重理论与实践相结合，因此，教学内容涵盖绿色建筑节能领域的基础理论和前沿知识，以及实际操作技能和案例分析。职业本科教育通过加强实践教学和科研训练，如绿色建筑项目的实地考察、设计实践等，旨在提高学生的实践能力和解决问题的能力。同时，职业本科教育注重培养学生的职业素养和国际视野，通过职业规划、跨文化沟通等课程，以及国际交流、海外实习等活动，为学生的职业发展打下坚实基础。

普通本科教育旨在拓宽学生的知识视野，培养其成为具有复合型知识和技能的人才。普通本科教育通过人文社科、自然科学等通识课程拓宽学生的知识视野，同时加强绿色建筑节能领域的专业教育。跨学科课程如绿色建筑与城市规划、建筑节能与环境保护等的设置，旨在培养学生的跨学科整合能力。此外，普通本科教育注重创新创业教育，如通过创新创业课程、竞赛和实践平台，激发学生的创新精神和创业意识。

研究生教育是绿色建筑节能领域高层次人才培养的关键环节。它旨在深化学生的研究能力，培养具有深厚理论功底和创新能力的高端人才。研究生教育的专业方向与课程设置紧密围绕行业需求和发展趋势，实行导师制，以便为学生提供个性化的学术指导和科研训练。同时，研究生教育积极推动国际合作与交流，以便为学生提供海外学习、访学和交流的机会，培养其国际视野和跨文化沟通能力。

继续教育是帮助在职人员适应行业变化、提升职业素养和专业技能的重要途径。继续教育的培训内容紧跟行业发展趋势与技术进步，因此，继续教育提供针对性强、实用性高的培训课程。实践案例与经验分享则通过专家讲座、研讨会等形式进行，以便让学生深入了解行业的成功案例和最佳实践。个性化学习路径则为学生提供了灵活多样的学习方式和内容，满足其不同需求和兴趣。

在多元化人才培养路径中，个性化培养和差异化发展至关重要。教育者应深入了解每位学生的兴趣特长、职业规划和发展需求，为其提供定制化的培养方案。遵循兴趣导向与自主选择原则，鼓励学生根据自己的兴趣选择学习内容和实践方向；采用差异化教学策略，针对不同学生的特点和需求，采用不同的教学方法和手段；职业规划与就业指导能够帮助学生明确职业目标和发展方向，方便学校和企业为学生提供实习、就业和创业等方面的支持和帮助；跨学科交流与合作平台则通过组织跨学科研讨会、工作坊和项目合作等方式，培养学生的团队协作能力和沟通能力。

综上所述，构建多元化的人才培养路径是绿色建筑节能领域人才培养的重要策略。通过职业专科教育、职业本科教育、普通本科教育、研究生教育以及继续教育等多种层次和类型的教育形式，以及个性化培养和差异化发展策略的实施，可以为社会输送一批既具有深厚专业功底，又具备广阔视野和高度责任感的高素质人才。这些人才将在绿色建筑节能领域发挥引领作用，推动行业的持续发展和技术创新。同时，这种多元化的人才培养路径也有助于满足社会对人才的多元化需求。

6.3.3 创新创业教育与支持体系

在绿色建筑节能领域，创新创业已成为推动行业变革与发展的关键力量。为了激发学生的创造潜能，培养其创业精神，加强创新创业教育并建立完善的支持体系显得尤为重要。这不仅有助于提升学生的综合素质，还能为他们未来的职业生涯铺平道路。

创新创业教育应成为绿色建筑节能领域人才培养的核心内容。通过构建一套涵盖创新思维训练、创业基础理论、商业计划书撰写等核心课程的体系，学生可以系统掌握创新创业的基本知识和技能。结合绿色建筑节能的实际应用，开设特色课程，如绿色建筑材料创新、节能技术创业案例分析等，能够增强学生的专业素养和创新能力。实践平台的建设同样关键。通过设立创新创业实验室、创业模拟实训基地等，学生可以亲自体验从市场调研到产品设计，再到营销策划和财务管理的创业全过程，加深他们对创业的理解和认识。邀请行业专家、成功创业者来校举办讲座、分享经验，更是为学生提供了宝贵的指导和启示。

为了让学生更好地实现创新创业梦想，建立完善的支持体系至关重要。创业导师制度能够为学生提供一对一的指导和咨询，帮助他们明确创业方向、制订商业计划、解决创业难题。创业资金扶持通过设立创新创业基金、争取政府和社会资金支持等方式，为学生提供必要的资金支持，降低创业风险。创业项目孵化机制通过建立创业孵化器、创业园等平台，为学生提供办公场地、设施设备、法律咨询等服务，助力项目落地生根。同时，政策支持与激励机制，如创新创业奖学金、优秀创业项目奖励等，能够进一步激发学生的创新创业热情，增强其积极性和主动性。

深化校企合作是创新创业教育的重要支撑。学校应与企业共同制订创新创业教育计划，开发课程资源，实现教育链、人才链与产业链、创新链的有效衔接。通过企业导师进校园、学生进企业实习等方式，学生可以亲自体验创新创业的实际过程，增强实践能力和解决问题的能力。同时，建立校企合作研发中心、实习实训基地等平台，可以促进学生创新创业的积极性。

为了确保创新创业教育的有效实施，需要采取一系列保障措施。首先，应加强组织领导，如成立专门的领导小组，负责统筹协调各项工作；其次，应完善制度建设，制定相关管理制度和办法，规范创新创业教育的管理和运行；再次，应加强师资队伍建设，提高教师的专业素养和教学能力，聘请具有丰富实践经验和行业背景的企业家、投资人等担任兼职教师或客座教授；最后，应加强宣传引导，营造浓厚的创新创业氛围，激发学生的创新创业热情和信心。

综上所述，加强创新创业教育并建立完善的支持体系是绿色建筑节能领域人才培养的重要举措。通过构建完善的课程体系、实践平台和创新文化氛围，以及建立支持体系，可以激发学生的创新意识和创业精神。同时，深化校企合作以及加强保障措施等举措，将进一步提升创新创业教育的针对性和实效性，为绿色建筑节能领域的发展注入新的活力和动力。

6.4 国际合作与交流

在全球化浪潮席卷各行各业的今天，绿色建筑节能领域作为应对气候变化、实现可持续发展的重要一环，其发展与进步已不能仅仅依靠单一国家或地区的努力。国际合作与交流作为推动该领域技术创新、标准统一、市场拓展的关键途径，正日益显示出其不可替代的重要性。通过跨越国界的合作，各国能够共享绿色建筑节能领域的最新研究成果、先进技术和成功经验，共同应对全球性挑战，如能源短缺、环境污染等。同时，国际合作也为人才培养、学术交流、产业升级提供了广阔舞台。因此，本节重点探讨国际合作平台搭建、国际合作项目实施以及国际化人才培养策略，旨在为我国绿色建筑节能领域的国际化进程提供指导和借鉴。

6.4.1 国际合作平台搭建

面对全球气候变化和资源枯竭等严峻挑战，绿色建筑节能作为实现可持续发展目标的重要途径，其国际合作显得尤为重要。为了充分挖掘国际资源，促进绿色建筑节能领域的全球合作与交流，我们将采取一系列措施，包括深化与国际组织的合作、构建与国外高校的校际联盟、强化与跨国企业的合作、举办国际会议与论坛以及建立国际合作网络等。

深化与国际组织的合作是推动国际合作的首要任务。国际组织如国际能源署（International Energy Agency，IEA）、联合国环境规划署（United Nations Environment Programme，UNEP）等，在全球绿色建筑节能领域具有广泛的影响力和号召力。我们将积极寻求与这些国际组织的合作机会，参与它们发起的全球倡议，展示我国在绿色建筑节能方面的决心和成果。同时，我们将与国际组织共同发起研发、示范和技术推广项目，推动绿色建筑节能技术的不断创新和应用。此外，我们还将推动绿色建筑节能领域技术标准的国际化，与国际组织共同制定和推广相关国际标准，提升我国在该领域的话语权和影响力。

构建与国外高校的校际联盟是推动国际合作的另一重要举措。国外知名高校在绿色建筑节能领域拥有深厚的科研底蕴和丰富的教学资源。我们将积极与国外高校建立紧密的合作关系，开展联合研究、双学位项目、学术交流、师生互访等活动，共同培养具有国际视野和跨文化交流能力的绿色建筑节能领域人才。

强化与跨国企业的合作是推动国际合作的关键环节。跨国企业在绿色建筑节能领域拥有强大的市场资源和技术优势。我们将积极寻求与绿色建筑节能领域的领先企业建立深度的战略伙伴关系，共同开展技术研发、产品测试与认证、市场推广等活动。这有助于加速科技成果的商业化进程，推动绿色建筑节能产品的广泛应用，提升我国在绿色建筑节能领域的市场竞争力。

举办国际会议与论坛是推动国际合作的重要方式。国际会议与论坛作为绿色建筑节能领域国际合作与交流的关键平台，对于推动技术创新、分享成功经验以及加强国际合作具有不可替代的作用。我们将定期举办或参与相关领域的国际会议、研讨会和论坛，邀请国内外知名专家和学者进行演讲和交流，展示最新的研究成果和技术动态。同时，我们还将利用这些平台加强和国际绿色建筑节能组织的联系与合作，共同推动绿色建筑节能领域的国际标准制定、技术研发和项目推广。

建立国际合作网络是推动国际合作的长期目标。我们将积极与各国政府、国际组织、高校及企业等关键伙伴建立稳固的合作机制，搭建绿色建筑节能领域的国际信息平台，及时发布各国在绿色建筑节能方面的最新政策、技术动态和项目信息。通过国际合作网络，可以促进各国之间的信息共享、技术交流以及项目合作，共同应对全球气候变化和资源枯竭等挑战，实现可持续发展的目标。

综上所述，通过深化与国际组织的合作、构建与国外高校的校际联盟、强化与跨国企业的合作、举办国际会议与论坛以及建立国际合作网络等措施，可以更有效地推动绿色建筑节能领域的国际合作与交流。这些举措将有助于拓宽我们的视野，强化教育科研，加速技术商业化，共同推动绿色建筑节能事业的全球发展。

6.4.2 国际合作项目实施

在绿色建筑节能领域，国际合作项目已成为推动技术创新、人才培养与行业标准提升的重要力量。这些项目不仅跨越国界，汇聚了全球的智慧与资源，还在促进可持续发展方面展现出强大的协同效应。以下将通过具有代表性的国际合作项目，深入剖析其合作背景、内容、成果及经验总结，以期全面展示国际合作在绿色建筑节能领域的积极作用。

中欧绿色建筑与生态城区合作项目是在全球气候变化背景下，中欧双方为应对节能减排挑战而共同发起的。该项目聚焦绿色建筑标准体系对接、示范项目共建、技术研发与合作、人才培训与交流等多个方面。通过共同研究制定绿色建筑评价标准，选取示范项目进行节能改造和生态化设计，中欧双方不仅实现了技术的互鉴与融合，还推动了绿色建筑技术的商业化进程。多个示范项目的成功实施，如德国的“被动房”技术在中国的推广，不仅大幅降低了建筑能耗，还提升了居住舒适度。同时，双方通过互派学者、学生交流，以及联合举办培训班，培养了一大批具有国际视野的绿色建筑专业人才，为绿色建筑节能领域的持续发展奠定了坚实基础。

美日绿色学校合作项目聚焦绿色学校的设计与建设，旨在提升学校建筑的能效水平。该项目通过制定绿色学校评价标准，选取示范学校进行绿色化改造，不仅改善了校园环境的舒适度与美观度，还通过绿色教育理念的传播，提升了学生的环保意识。双方共同研发的节能技术与绿色建材，为绿色建筑产业的发展注入了新的活力。该项目的成功实施，得益于双方对绿色教育理念的高度认同以及双方务实的合作态度。

中英低碳城市合作项目是在城市化进程加速、城市碳排放量不断增加的背景下，中国、英国双方为应对低碳城市建设挑战而共同发起的。该项目涵盖低碳城市规划、绿色建筑标准体系对接、能源管理系统建设等多个方面。通过共同研究制定低碳城市评价标准，选取示范区域进行低碳化改造和绿色建筑设计，有效降低了城市碳排放量，提升了居民的生活质量。双方通过技术交流与人才培养，为低碳城市规划与建设培养了一大批专业人才。

通过对这些国际合作项目的综合分析，我们可以得出以下几点启示。首先，明确合作目标与愿景是国际合作项目成功的前提，只有双方对合作的方向和预期成果达成共识，才能形成合力。其次，示范项目的成功实施，推动了绿色建筑技术的商业化进程，为其他项目提供了可借鉴的经验和模式。再次，通过组织研讨会、工作坊等形式，双方加强了在绿色建筑技术、材料、管理等方面的交流与合作；同时注重人才培养，才能为绿色建筑节能领域输送新鲜血液；此外，政府应制定优惠政策和激励机制，促进绿色建筑技术的研发与应用，同时发挥市场机制的作用，引导社会资本投资绿色建筑产业。最后，建立长效合作机制，可以确保项目的持续实施与深化；通过定期沟通、评估与调整合作策略和方向，可以推动国际合作项目的不断深化与拓展。

综上所述，国际合作项目在绿色建筑节能领域发挥着不可替代的作用。通过明确合作目标与愿景、注重实效与示范引领、加强技术交流与人才培养、注重政策引导与市场机制的结合以及建立长效合作机制等措施，可以更好地发挥国际合作项目的优势，推动绿色建筑节能技术的创新与应用，为应对全球气候变化、实现可持续发展目标贡献力量。

6.4.3 国际化人才培养策略

在全球经济一体化与文化多元化的推动下，国际化人才的培养已成为提升国际竞争力和推动行业创新发展的关键因素。特别是在绿色建筑节能领域，具备深厚专业知识、国际视野及跨文化交流能力的复合型人才，是实现技术突破、促进国际合作及引领行业发展的关键力量。因此，制订一套全面、系统的国际化人才培养策略，对于该领域的长远发展具有重大意义。

为了切实提升学生的外语能力，学校构建了一个多语种、多层次的语言学习体系。该体系不仅涵盖了英语这一全球通用语言的课程，还根据学生的兴趣和未来职业规划，增设了法语、德语、日语、西班牙语等语种课程，为学生提供了广阔的语言学习空间。通过小班化教学、外籍教师授课及现代教学手段的应用，可以确保语言学习的实效性和趣味性。鼓励学生参加托福、雅思等国际语言水平考试，并设立奖学金和奖励机制，可以激发他们的学习动力。学校通过双语教材、国际案例研究等方式，将外语课程融入专业学习，旨在培养学生的跨文化思维，为他们的国际化发展奠定坚实基础。

为了拓宽学生的国际视野，学校积极引入国际先进课程和资源，搭建国际化教育平台。通过与国际知名高校及研究机构的合作，学校引入了绿色建筑节能领域的先进课程，如绿色建筑设计、可持续能源系统、环境影响评估等，以便为学生提供与国际标准接轨的学习内容。学校开展了联合培养项目，使学生有机会赴国外学习，亲自体验不同的教育体系和文化环境，培养他们的跨文化适应能力。学校还鼓励学生利用 MOOCs、国际学术期刊及在线讲座等资源，拓宽知识视野，与全球学生共同学习。

国际学术交流和竞赛为学生提供了验证实践能力和创新能力的绝佳机会。学校鼓励学生积极参与国际绿色建筑节能领域的学术会议和研讨会，与国内外顶尖专家学者交流，捕捉研究动态和前沿技术。学校全力支持学生发表研究论文、做学术报告，以便提升他们的学术自信和行业影响力。学校还高度重视学生参与国际绿色建筑节能竞赛，如太阳能十项全能竞赛、绿色建筑设计大赛等，通过竞赛可以检验学生的专业知识、创新思维和团队协作精神。同时，组织国际学生交流活动，如夏令营、冬令营及国际文化节等，增进学生与世界各地学生的理解和友谊，提升他们的跨文化交流能力。

在国际化人才培养过程中，学校还注重师资队伍的国际化建设。通过引进海外优秀人才、鼓励教师参加国际学术交流、建立国际合作教师团队及提升教师的跨文化教学能力等措施，可以提升教师的教学水平和国际视野，为国际化人才的培养提供有力支撑。为了确保国际化人才培养策略的有效实施，学校采取了一系列保障措施：一是加强组织领导，成立国际化人才培养领导小组，统筹协调各项工作；二是加大经费投入，确保各项计划和项目的顺利实施；三是完善制度建设，健全国际化人才培养的相关制度体系；四是加强宣传引导，提高师生的认识和参与度。同时，学校还定期进行教学质量评估和学生学习效果反馈，及时调整教学计划和方法，以满足学生不断变化的需求。

通过构建多语种、多层次的语言学习体系，引入国际先进课程和资源，鼓励学生参与国际学术交流和竞赛以及加强师资队伍的国际化建设等措施，可以为绿色建筑节能领域培养一批既精通专业知识又具备国际视野和跨文化交流能力的复合型人才。这些人才将成为推动绿色建筑节能领域技术突破、国际合作和行业发展的核心力量，为全球的可持续发展贡献重要力量。